C 地图上的中国
HINA ON THE MAP

U0772636

美丽家园
Beautiful Home

盛宝军　青 芒 著

五洲传播出版社

图书在版编目（ＣＩＰ）数据

地图上的中国. 美丽家园 / 盛宝军，青芒著. －－ 北京 ： 五洲传播出版社，2022.1

ISBN 978－7－5085－4578－3

Ⅰ.①地… Ⅱ.①盛…②青… Ⅲ.①中国－概况②野生动物－介绍－中国③野生植物－介绍－中国 Ⅳ.①K92

中国版本图书馆CIP数据核字(2021)第222243号

审 图 号：GS（2021）8269号

美丽家园

作　　　者：盛宝军　青　芒
图　　　片：图虫创意
出 版 人：关　宏
责任编辑：苏　谦
装帧设计：山谷有鱼　张伯阳

出版发行：五洲传播出版社
地　　　址：北京市海淀区北三环中路31号生产力大楼B座6层
邮　　　编：100088
电　　　话：010－82005927，82007837
网　　　址：www.cicc.org.cn，www.thatsbooks.com
印　　　刷：北京中石油彩色印刷有限责任公司
版　　　次：2022年8月第1版第1次印刷
开　　　本：1/20
印　　　张：6.9
字　　　数：100千
定　　　价：48.00元

美丽家园

Beautiful Home

前　言 …

　　在约960万平方千米的中国国土上，有连绵的群山、
巍峨的高原、宽广的盆地、辽阔的平原、起伏的丘陵、浩
瀚的沙海，还有1.8万多千米的海岸线和数不尽的江河湖
泊。从南到北，中国国土跨越热带、亚热带和温带；东有
"鱼米之乡"，西有高寒荒漠……

　　中国千变万化的地貌和复杂多样的气候，孕育了多样
化的生态系统，包括繁密的温带和热带森林，广袤的高山
草甸，肥美的草原，茫茫的沙漠，密布的河流、湖泊和湿
地，广阔的海洋和沿海滩涂。这些多样化的生态环境，为
各种生物及生态系统类型的形成与发展提供了优越的自然
条件。因此，中国成为世界上生物多样性最为丰富的国家
之一。据中国科学院生物多样性委员会发布的《中国生物
物种名录》2021版，中国有56000个动物物种，38394个植
物物种，以及上万个真菌等其他物种。

　　在中国北方的湿地中，美丽的丹顶鹤翩翩起舞，森林
中，人参和五味子静静地生长着；南方的密林间，憨态可
掬的大熊猫惬意地啃着竹子，一棵棵千年古树沐浴着和风
细雨；西北的风沙里，沙冬青绽放着灿烂的金色花朵，野
骆驼隐居在大漠深处；高寒缺氧的青藏高原上，巨柏和红

景天顽强地生长着，雪豹窥视着自己的猎物，藏野驴在与汽车赛跑……

过去的几十年间，中国发生了翻天覆地的变化。随着经济的发展，人们的生活逐渐变得富足，人们的心态更加从容自信，对自然也有了新的态度。现在，环保理念已经成为中国人生活中最重要的价值观念之一。越来越多的人认识到，良好的自然环境与高度发展的现代化社会有着极其深刻的关系，人与自然的和谐共生，是美丽中国的未来。

在现代文明的建设进程中，中国人已经在自然和发展之间寻找到一条和谐之路。中华大地上生生不息的人们，与万物生灵相互依存、和谐共处，共同建设着天人合一的美丽中国。

目 录

03 植物世界

多彩的植物世界

结束语：保护美丽家园

01

锦绣大地

美丽的中国

中国的地势西高东低，从青藏高原开始，自西向东像3级大台阶一样逐级下降，最终延伸到海边。

大台阶的最下层是东部的平原和丘陵地带，那里的大部分地区海拔在500米以下，绿意盎然。

大台阶的第二层是由准噶尔盆地、四川盆地、塔里木盆地和云贵高原、黄土高原、内蒙古高原组成的，大部分地区的海拔在1000~2000米。

大台阶第一层也就是海拔最高的那部分，形状像一头胖胖的鲸鱼，那就是青藏高原，平均海拔在4000米以上。因为高海拔导致的高寒，这里大多为不适合植被生长的冻土地带，少有青草、灌木的地表在空中看来是棕褐色的。

在中国辽阔的大地上，无论是雄伟的高原、起伏的山岭、广阔的平原、低缓的丘陵，还是四周群山环抱、中间低平的盆地，都能找到不止一处。

　　中国地形复杂多样。山区面积最大，约占国土面积的2/3，这是中国地形的基本特点。山区在发展林业、牧业、旅游业和采矿业等方面具有优势，但是山区最大的问题是交通不便，可耕地较少，不适合发展种植业。

　　丘陵地带也属于山区。与山地不同的是，丘陵海拔一般在500米以下，而且不像山地那么陡峭。中国的丘陵约占国土面积的10%，大部分分布在东部地区。

　　西高东低的地势，方便来自海洋的湿润气流深入内陆，形成降水。虽然由于路途遥远，再加上高山的阻挡，湿润气流很难到达西部内陆，使得西部地区非常干旱，但东部地区却有丰富的降水，有利于发展农业。

　　从地图上看，中国的陆地轮廓像一只雄鸡，屹立在世界的东方。在这片大地上，纵横交错的山脉就像大地上隆起的脊梁，构成了中国地形的"骨架"，而骨架之间，则镶嵌着大大小小的高原、平原、丘陵和盆地，如同"肌肉"。两者相互结合，组成了"雄鸡"丰满强健的骨肉。

大地上的山脉

甲骨文中的"山"字，呈三座峰峦相接的形状，是一个典型的象形字。山地一般指海拔500米以上、起伏很大、坡陡谷深的地形。而很多三角形的山组合在一起，向一定方向延伸，就形成了长长的山脉。下面，让我们打开中国地图，顺着中国山脉的延伸方向，来分类认识一下主要的山脉。

我们可以先找到天山、阴山和燕山，把它们连成一条线。像这样能连成一条线的山脉，我们称之为"一列"山脉，就像是一列火车，只不过各节"车厢"间的距离有些遥远。而天山、阴山和燕山，就是中国最北的一列东西方向延伸的山脉。

视线往下移动一点，我们再找到昆仑山和秦岭。它们同样是东西走向的山脉。再从秦岭往东南方向移动，你会看到南岭，它也是东西走向的山脉。

我们在地图绿色和黄色交界的地方，自北向南，会找到大兴安岭、太行山、巫山和雪峰山，它们也能连成一条线，这是一列东北—西南走向的山脉。由于地处黄绿交界的地方，它们被看作中国地势第二级和第三级阶梯的分界线。其中，大兴安岭是内蒙古高原和东北平原的分界线，

太行山是黄土高原和华北平原的分界线，巫山分开了四川盆地和长江中下游平原，雪峰山则矗立在云贵高原和东南丘陵之间。

再往东一点，还有长白山、武夷山，长白山在东北，武夷山在东南，遥相呼应；台湾岛上，还有台湾山脉。这两列山脉也都是东北—西南走向的。

三列东西走向的山脉，可以看作"三横"；三列东北—西南走向的山脉，可以看作"三纵"。这"三横三纵"，就构成了中国地形最基本的骨架。

我们在雄鸡的尾部可以找到阿尔泰山脉；在雄鸡的头部可以找到小兴安岭；在青藏高原的东北部边缘还能找到祁连山脉，它们都是由西北向东南延伸的山脉。

在中国的地形图上，有一个蓝色的巨大的"几"字形，这就是黄河。在"几"字形那一撇的位置，上有贺兰山，下有六盘山。在青藏高原的东南边缘，还有横断山脉。它们是中国为数不多的三条南北走向的山脉。

除了这些，中国还有一条巨大的弧形山脉，这就是青藏高原南部的喜马拉雅山脉。它是世界上最高大雄伟的山脉，它的主峰——珠穆朗玛峰海拔8848.86米，是世界第一高峰。

四大高原

中国有4个大高原，它们是青藏高原、内蒙古高原、云贵高原和黄土高原。四大高原平均的海拔都远远高于500米，其中，青藏高原雄踞第一级阶梯，内蒙古高原、黄土高原和云贵高原都在第二级阶梯上。

青藏高原海拔从平均5000米以上渐次降至4000米左右。它是公认的世界最高的高原。青藏高原常年被洁白晶莹的冰川和雪山覆盖着。冰川是地球的大"水塔"，源源不断地为我们补给淡水。

内蒙古高原是中国第二大高原，它的平均海拔为1000米左右，是四大高原里地势最平坦的一个。从大兴安岭以西一直到甘肃、新疆交界处的马鬃山，东西跨度很大的内蒙古高原上可不是只有草原。自东向西，它的景观是这样变化的：草原—荒漠草原—荒漠。越往西去，降水越少，牧草逐渐减少，最终变成了荒凉的戈壁和沙漠，只是在有水源的地方，才会出现一些绿洲。

黄土高原东起太行山，西到乌鞘岭，南连秦岭，北接长城，是中国第三大高原。之所以叫黄土高原，是因为这里覆盖着厚厚的黄土，形成了世界上最大的黄土堆积区。厚厚的黄土地上，缺少植被保护，所以一遇大雨，雨水就把泥沙冲到河流里，不但造成黄河"一碗水、半碗泥"，还把地表冲出了千沟万壑。

云贵高原和青藏高原离得很近，它在横断山脉的东南依偎着青藏高原。云贵高原崎岖不平，主要是因为这里覆盖着很厚的石灰岩。石灰岩易溶于水，在水的溶蚀作用下，形成了各种各样的形状，再加上这里气候比较湿润，众多的河流又把地形切割得支离破碎。与黄土高原比，云贵高原的森林覆盖率还是很高的，植物种类也很丰富。山间的小盆地里可以种庄稼，低缓的丘陵上还开垦了很多梯田。只是这里的生态环境很脆弱，一旦被破坏，就很难恢复。

四大盆地

盆地是一种四周高、中间低的地形。中国有4个大盆地：塔里木盆地、准噶尔盆地、柴达木盆地和四川盆地。

青藏高原以北，昆仑山脉、阿尔金山和天山山脉之间的塔里木盆地是中国最大的盆地。这个"大盆子"到底有多大呢？它东西长约1400千米，南北最宽处大约520千米，面积40多万平方千米。如果还是想象不出它到底有多大，可以再用几个数据对比一下：北京到上海的直线距离不到1100千米，上海到广州的直线距离大约1200千米，四川省面积约48.6万平方千米……

因为离海远，再加上重重山岭阻隔，来自海洋的水汽很难到达塔里木盆地。这里降水稀少，气候干旱，被大片的沙漠所覆盖。中国最大的沙漠——塔克拉玛干沙漠就在塔里木盆地。只是在盆地的边缘和河流经过的地方，才有一些绿洲，而这些绿洲和河流的水主要来自高山上的冰雪融水。

从塔里木盆地向北翻越天山，就到了准噶尔盆地。这是中国第二大盆地，面积约有38万平方千米。准噶尔盆地气候干旱、沙漠广布。不过，准噶尔盆地并不完全封闭，它像个三角形，北边是阿尔泰山，西边却有几个缺口。大西洋的水汽随着西风不远万里而来，从这几个缺口进入准

噶尔盆地，带来一些降水，使得准噶尔盆地除了沙漠和绿洲之外，还有更多的草地和灌木，看起来比塔里木盆地更有生机。和塔里木盆地一样，准噶尔盆地也蕴含着丰富的石油资源，著名的克拉玛依油田就在准噶尔盆地。

中国的第三大盆地是柴达木盆地。柴达木盆地在昆仑山、阿尔金山、祁连山等山脉中间，面积约24万平方千米，盆地底部的海拔为2600~3000米。柴达木盆地气候也很干旱，但是它的资源更丰富，不但有石油、天然气，还有铅锌矿、钾盐等，被称为"聚宝盆"。

从青藏高原向东进入四川盆地，景色一下就变得不一样了，有连片的沃土，满眼的绿色。四川盆地是四大盆地中海拔最低、面积最小的一个盆地。它被西边的青藏高原、北边的大巴山、东面的巫山和南面的云贵高原环绕，面积大约26万平方千米，底部海拔一般在500米左右。盆地中的山地多是低山和丘陵，平原主要是西北部的成都平原。因为气候湿润，不仅成都平原农业发达，许多丘陵低山上也有层层梯田。自古以来，四川盆地就被称为"天府之国"。

当然，中国不仅有这四大盆地，还有位于新疆维吾尔自治区、盛产葡萄和哈密瓜的吐鲁番盆地，以及云贵高原上一些四周高、中间低平的"坝子"等众多小盆地。中国盆地的总面积大约占国土面积的19%。

三大平原

在各种地形中，广阔的平原地势宽广平坦，是最适宜农作物生长的好地方，往往发展为重要的农耕区。中国的平原面积大约占国土面积的12%，平均海拔一般在200米以下。除了一些较小的平原，在中国东部地区，自北向南分布着3个大平原：东北平原、华北平原和长江中下游平原。

东北平原是3个平原中的"老大"。它分布在大小兴安岭和长白山地之间，南北长约1000千米，东西宽约400千米，面积大约35万平方千米，海拔一般在50~200米。别看东北平原位置最北，气候最寒冷，在漫长的冬季里一片冰天雪地，但这并不影响它成为中国重要的粮食生产基地。

华北平原又称黄淮海平原，为什么呢？因为平原多数是由河流冲积成的，而华北平原就是由黄河、淮河和海河冲积形成的。由于塑造华北平原的主力是黄河，所以这片平原的土壤是"黄土地"。华北平原北抵燕山，南至大别山，西倚太行山，向东一直延伸到渤海、山东丘陵和黄海，面积大约30万平方千米，海拔大部分在50米以下。

中国的第三大平原是长江中下游平原。这里河湖众多，景色秀丽，素有"江南水乡"之称。长江中下游平原分布在巫山以东的长江中下游沿岸，面积大约20万平方千米，大部分海拔在50米以下，是中国最低平的平原。上海、南京、武汉等大城市就坐落在长江中下游平原上。这里农业发达，不但盛产稻、麦、棉、丝，还是中国重要的淡水鱼产区。

美丽的河流与湖泊

如果说山脉是大地的骨架，高原、平原、盆地、丘陵是大地的肌肉，那么河流和湖泊就是大地的血液，有了它们，大地才能保持勃勃生机。

中国的地势西高东低，所以大多数的河流自西向东流淌。最终流进海洋的河流是外流河，没有流进海洋的就是内流河。这两种河流的分布大致以大兴安岭、阴山、贺兰山直到青藏高原上的冈底斯山一线为界，以东主要是外流区，以西主要是内流区。中国的大多数河流分布在外流区。

内流河之所以成为内流河，除了距海遥远，与当地的降水少也有很大关系。中国最大的内流河塔里木河流淌在塔里木盆地，它主要靠高山上的冰雪融水补给，天越热，水量越大。可是，它毕竟水量有限，流着流着就干涸了，消失在沙漠中。而黑龙江、黄河、淮河、长江、珠江这些

中国著名的大江大河都是外流河。

中国的湖泊星罗棋布，不算有时有水、有时干涸的时令湖，水面面积在1000平方米以上的湖泊就有2300余个。湖泊密度很大的两个湖泊区，一个是青藏高原湖区，中国的咸水湖主要分布在这里；另一个是东部平原湖区，从长江中下游平原到山东省南部，是中国淡水湖最集中的地区。中国面积最大的5座淡水湖中的4座：鄱阳湖、洞庭湖、太湖、洪泽湖，都分布在东部平原湖区。

每条河流都有自己的源头，很多大江大河都发源于高山高原上的雪山和冰川。在中国高原地区，气势磅礴的大山山顶上覆盖着经年不化的积雪，在地质作用之下，渐渐形成了冰雪的另一种形态——冰川。这些高寒的高原冰川是整个亚洲生态系统的基础，它们就像一个"大水塔"，源源不断地给整个生态系统提供水资源。

除南北极以外，青藏高原是地球上冰川分布最广泛的地区，因此又被称为"第三极"。这里孕育了黄河、长江、澜沧江、怒江、雅鲁藏布江等重要的河流。冰川融化出地球上质地最纯净的水体，在一道道山谷间形成小溪，小溪交汇在一起又形成大江大河：从长江到雅鲁藏布江，从怒江到澜沧江，它们无一不是从冰川融水形成的小溪流开始茁壮成长而来的。

现在，随着全球气候变暖加剧，冰川也在加速消融，青藏高原上的许多湖泊湿地渐渐干涸。如果不采取行动遏止气候变暖，青藏高原的冰川有可能全部消失，亚洲的淡水资源将会受到严重威胁。所以说，保护环境就是在保护我们自己的美丽家园。

中国的海洋

中国东临太平洋，领水面积约为37万平方千米，管辖的海域面积约300万平方千米，是世界上为数不多的海洋大国之一。从北到南，中国濒临的海洋依次是渤海、黄海、东海和南海，它们都处于太平洋的边缘部分，而台湾岛的东海岸则直接面临太平洋。

渤海是中国的内海，在古代有北海之称，被山东半岛、辽东半岛和华北平原环绕，东部以渤海海峡与黄海相通，是一个半封闭的大陆架浅海，面积约7.7万平方千米。因为地处北方，冬季除秦皇岛和葫芦岛外，渤海沿岸海面大都结冰。辽河、海河、黄河等河流从陆上带来大量有机物质，使这里成为盛产对虾、蟹和黄花鱼的天然渔场。

黄海大部分在中国与朝鲜半岛之间，南以长江口北岸到韩国济州岛一线同东海分界，西以渤海海峡与渤海相连，面积约38万平方千米。因为黄河等外流河带来的泥沙过多，这片海域的近岸海水呈黄色，所以被称为黄海。这里有寒暖流交汇，水产资源也很丰富，盛产黄鱼、刀鱼等。

东海位于中国大陆与中国台湾岛以及朝鲜半岛与日本九州岛、琉球群岛之间，北与黄海相连，南以广东省南澳岛到中国台湾岛南端连线与南海分隔，是一个比较开阔的边缘海，面积约77万平方千米，有著名的舟山渔场。

从东海往南穿过台湾海峡，就进入南海了。南海因位于中国南边而得名，又被称为南中国海。南海面积约350万平方千米，是中国濒临的最深、最大的海，也是仅次于珊瑚海和阿拉伯海的世界第三大陆缘海。注入南海的河流主要有珠江、红河、湄公河、湄南河等。由于这些河流的含沙量很小，所以海阔水深的南海总是呈现碧绿或深蓝色。南海地处低纬度地区，是中国海区中气候最温暖的热带深海，适于珊瑚繁殖，形成了很多风光绮丽的珊瑚岛，还盛产海龟、海参、牡蛎、金枪鱼、红鱼、大龙虾、墨鱼、鱿鱼等热带水产。

从北到南，中国拥有18000多千米的海岸线，跨北温带、亚热带和热带。沿海大陆架面积宽广，海水温度适中，适宜多种海洋生物生长繁殖。中国的海洋生物资源很丰富，种类达2万多种，其中鱼类有2000多种，大黄鱼、小黄鱼、带鱼和乌贼是中国著名的四大水产。

中国在海洋资源的开发利用上取得了巨大的成就，但也面临一些严峻的问题，如局部海域环境污染、近海渔业资源衰竭等。为了使海洋能够千秋万代造福人类，中国加强了对海洋生态环境的保护力度，下大力气防治海洋污染，取得了积极的进展和成效。

02

动物王国

神奇的动物王国

由于国土辽阔、自然环境复杂多样，中国的动物资源异常丰富，野生动物种类达5万种以上。据2018年相关统计数据显示，中国野生脊椎动物的种类占世界该动物种类总数的10%以上；哺乳动物有499种，居世界第5位；鸟类有1186种，居世界第10位；两栖类有279种，居世界第6位；爬行类有412种，占世界总数的6.5%；鱼类约有3400种，占世界总数的12.1%；已定名昆虫有30000余种；全世界15种鹤类中，分布在中国的有9种；雁鸭类148种中，中国分布有46种；野生鸡类276种中，中国分布有56种。

在中国，南有亚洲象穿行于西双版纳的热带雨林，北有东北虎出没于小兴安岭的冰天雪地，东有中华鲟在长江里游弋，西有藏羚羊在青藏高原上奔跑……

因为独特的地质演化历史，中国生存着许多北半球其他地区早已灭绝的古老孑遗种类，如大熊猫、川金丝猴、野生双峰驼等。中国特有的珍稀野生动物还有华南虎、褐

马鸡、丹顶鹤、朱鹮、白鳍豚、扬子鳄等100余种。同时，中国也是濒危动物分布大国。据不完全统计，仅列入《濒危野生动植物种国际贸易公约》附录的原产于中国的濒危动物就有120多种（指原产地在中国的物种），列入《国家重点保护野生动物名录》的有257种，列入《中国濒危动物红皮书》的鸟类、两栖类、爬行类和鱼类有400种。

为了保护、拯救珍贵、濒危野生动物，保护、发展和合理利用野生动物资源，维护生态平衡，中国政府作了种种努力。其中，建立自然保护区是一项非常有效的保护措施。从1956年建立第一个国家级自然保护区——鼎湖山国家级自然保护区开始，中国的自然保护区（地）经历了从无到有、从小范围到大面积、从单一类型到多种类型、从陆地到海洋的不断发展。截至2019年底，中国已建立各级各类自然保护（区）地1.18万处，占国土陆域面积的18%、领海面积的4.6%。越来越多的野生动物得以安心地在适宜的环境中繁衍生息。

大熊猫

　　大熊猫已在地球上生存了至少800万年，被誉为"活化石"。它是中国国宝，也是世界生物多样性保护的旗舰物种，还是世界自然基金会的形象大使。

　　1869年，一位名叫阿尔芒·戴维的法国传教士在四川省宝兴县一农户家里，无意中发现一张黑白相间的动物皮。由于此前从未见过这种动物，戴维很激动，立即雇用当地猎人开始追捕这种被当地人称为"白熊""花熊""竹熊"的动物。很快，戴维就捕获了一只。

　　第一次见到这种动物，戴维就惊呆了。它毛茸茸的，皮毛黑白相间，脑袋又大又圆，憨态可掬。戴维十分喜欢它，把它叫作"黑白熊"，还准备将它运回法国。可惜，这只"黑白熊"一离开成都就死了。戴维把"黑白熊"的皮制作成标本，送到法国的博物馆展出。在那里，科学家们认为它既不是熊，也不是猫，就给它取名"大猫熊"。

　　而"大熊猫"这个名称的由来，完全是一个误会。1939年在重庆市的一次动物标本展览中，因为读写顺序的不同，人们把标牌上的"猫熊"误读为"熊猫"。久而久之，"大猫熊"就被叫成了"大熊猫"，成为这种神奇动物正式的现代名称。

　　很多看过电影《功夫熊猫》的朋友说，大熊猫那么温顺可爱，怎么可能会"功夫"？其实，作为一种生命力顽强的野生动物，大熊猫具有相当的攻击性，而且在很久很久以前，大熊猫真的曾经是"功夫熊猫"。我们平常看到的圈养大熊猫都比较温顺，对人友好，也很少主动攻击其他动物。但野生大熊猫会为了食物和领地打架，且战斗力超强，依旧保持了"功夫熊猫"的风范。大熊猫已经在地球上生存了800万年，最早靠吃肉为生，后来为了生存所需，才慢慢进化成了主要吃竹子，偶尔吃一点肉食。但它仍然被划为食肉目动物。大熊猫的臼齿发达，爪子除了五趾外还有一个"拇指"，主要起握住竹子的作用。

　　大熊猫现在分布于中国陕西省秦岭南坡，甘肃省、四川省等地的山区，其中四川省是全球最大、最完整的大熊猫栖息地。2015年发布的全国第四次大熊猫调查报告显示，截至2013年底，全国野生大熊猫种群数量达到1864只，其中有1387只生活在四川，占全国野生大熊猫总数的74.4%。2006年，四川大熊猫栖息地被列为世界自然遗产。

川金丝猴

　　川金丝猴数量稀少，是与大熊猫齐名的国宝级动物。

　　金丝猴是猴科仰鼻猴属动物，共有5种，分别是川金丝猴、黔金丝猴、滇金丝猴、缅甸金丝猴和越南金丝猴。除缅甸金丝猴和越南金丝猴外，其余3种金丝猴都生活在中国。它们的共同特征是鼻孔大且上翘、唇厚、无颊囊、身披长毛。

　　川金丝猴长着一张蓝色的脸，上面镶嵌着一双深邃、明亮的眼睛，全身披着金色长毛，仿佛穿着一件金黄色的

丝质"披风"，体态优美，威风凛凛，被认为是最漂亮的金丝猴。

川金丝猴是体型中等的猴类，成年雄猴体长平均为68厘米，体重15~39千克，而成年雌猴体重只有6.5~10千克，身材要娇小得多。

川金丝猴的食物选择十分丰富，采食的植物种类多达170种左右，偶尔也吃一些小昆虫、鸟蛋等动物性食物。

川金丝猴是一种集体意识很强的动物，它们深知只有通过相互协作才能更好保障整体利益和个体利益。作为群居性动物，通常会有几十只甚至几百只川金丝猴组成一个猴群，而这个大群体又分为若干个小家庭。猴群组织严密，由身强力壮的大雄猴担任首领。

川金丝猴的天敌主要有狼、豺、云豹、灵猫、金雕和鹰等。这些天敌通常不会对成年川金丝猴构成致命威胁，但对幼体的危害非常大。遇到敌害或者出现异常情况时，猴王常常率先发出"呀呀呀"的惊叫声，其他成员听到后立即停止喧闹，密切关注事态的发展。一旦敌害逼近，猴王会立即率领群猴，以惊人的速度横穿树冠，逃之夭夭。猴群成员之间互相关心和照料，尤其是对弱小的幼猴。当幼猴遇到危险时，其他猴子会毫不犹豫地抱着它们潜逃。

川金丝猴分布于中国四川、甘肃、陕西和湖北等省。在高山密林中，它们没有固定的住处，会随着温度的变化选择不同海拔的地方活动。

几十年前，因为森林砍伐、农牧业生产等原因，川金丝猴的分布区逐渐缩小、分割，甚至在一些地方消失。近年来，随着保护区的建立，许多地方的川金丝猴种群得到了恢复。

东北虎

　　2018年10月，中国各大媒体都报道了这样一件事：黑龙江"虎出没"，一头250千克重的东北虎蹿上高速公路，撞车受伤后跑了。东北虎露个面，为什么会引起这么大的轰动？

　　东北虎，学名西伯利亚虎，又叫阿穆尔虎，是现存世界上体重最大的肉食性猫科动物。其雄性体长可达2.8米左右，尾长约1米，最大体重达到350千克以上，相当于3个普通成年人的体重。如果它站直了身子，几乎能赶上房子高了。20世纪50年代初，俄罗斯东部一只被猎得的野生雄性东北虎重达384千克，被载入了"吉尼斯世界纪录"。

　　在夏季，由于日照时间长，东北虎的毛会变短，颜色会变深；进入冬季，则会变得毛长而色淡，呈淡黄色。为了适应栖息地多雪的环境，东北虎冬季的毛色较白，不像温暖地区的老虎那样有红色的条纹。在所有老虎中，东北虎的毛是最浓密的，这是为了抵御低达零下45℃的低温。

　　东北虎有着300万年的进化史，曾经广泛分布于亚洲东北部，即俄罗斯西伯利亚地区、朝鲜半岛和中国的东北地区。但由于栖息地被破坏及偷猎行为，世界上现存野生东北虎已经不足500头。

　　为了保护东北虎，中国将其列为国家一级保护动物，颁布禁令，严禁进出口虎骨，禁止用虎骨制药，并建立了自然保护区和东北虎保护、繁育中心。黑龙江省哈尔滨市的东北虎林园是世界最大的东北虎人工饲养繁育基地。同时，随着全面禁猎和停止伐木、封山育林，东北林区的生态逐渐恢复。2018年在小兴安岭林区腹地伊春市发现了野生东北虎的足迹，这是40年来的第一次。据观察，这头野生东北虎已经在当地定居了。

华南虎

　　华南虎是中国特有的老虎，又名"中国虎"。在老虎家族中，它属于体型较小的，但却异常凶猛。华南虎是国家一级保护动物，被世界自然保护联盟列为极度濒危的十大物种之一。

　　野生华南虎身材修长，穿着一身橙黄色夹杂黑色斑纹的"隐身衣"，胸腹部为乳白色。它有着粗壮有力的四肢，一巴掌就能把小动物拍得晕头转向。华南虎的脚掌上长着厚厚的肉垫，走起路来悄无声息，还有着像猫一样的

钩爪，十分锋利。它们平常喜欢在大树上"挂爪"，留下自己的爪痕，这样不仅可以让锋利的钩爪不长进肉里扎到自己，还可以宣示主权，告诉别的动物："这儿的地盘是我的了！"华南虎曾经是南方森林中当之无愧的王者，连豹子这样强悍的动物见到它们所留的标记，也会避而远之，不敢在此觅食。

华南虎非常擅长游泳，猎食时会毫不犹豫地跳入水中一路追赶，算是游泳健将了。它们还能游过狭窄的海峡，所以福建省厦门市的一些岛屿上也发现过华南虎。

华南虎曾广泛分布于中国黄河流域以南、珠江以北的广大地区，其分布面积曾约占中国国土的1/3。但因为人口增长、与虎争地，野生华南虎如今已经难觅踪迹，只有在动物园和保护繁育基地内才能见到它们的身影。

截至2018年，拥有华南虎数量较多的动物园有洛阳王城公园、上海动物园。上海动物园还建立了华南虎"幼儿园""托儿所"，用于训练华南虎幼崽。中国还建立了华南虎苏州培育基地、粤北华南虎驯养繁殖研究中心、福建省龙岩市梅花山华南虎繁育基地等华南虎保护繁育基地。目前，人类饲养的华南虎数量在160只以上，整个种群仍处在极度濒危状态。

野牦牛

牦牛分布于青藏高原海拔3000米以上地区，是世界上生活在海拔最高处的哺乳动物（除人类外）。有人把牦牛和北极熊、南极企鹅并称为"世界三大高寒动物"。

青藏高原上的牦牛吃苦耐劳，性情温顺，高原牧民的衣食住行烧都离不开它，可谓一种"全能"家畜。高原上，还生活着家牦牛的同类——野牦牛。未经驯化的野牦牛可不像家牦牛那样温顺。野牦牛四肢强壮，身被长毛，不惧高寒，凶猛善战。野牦牛是青藏高原特有牛种，国家一级保护动物。

它们栖息于海拔3000~6000米人迹罕至的高山深谷、山间盆地、高寒草原、高寒荒漠草原等各种环境中。夏季，它们甚至可以上到海拔5000~6000米的地方，活动于雪线下缘。由于其舌头上有肉齿，可以长期以垫状植物为食。野牦牛具有耐苦、耐寒、耐饥、耐渴的本领，对高山草原环境有很强的适应性，所以其他食草动物难以到达和利用的灌木林地、高山草场，它们却能登临享用。成年雄性野牦牛肩高可超过170厘米，体重可超过500千克。它们身体的每个部分，仿佛都是为高原荒野而生：厚实的皮毛、强大的肺活量、粗壮的四肢和一对慑人的大角。甚至它们体内的每一个血细胞，都是为氧气稀薄的高原定制的：细胞体积更小，单位体积血液内细胞数量更多，因而携氧量是一般家牦牛的数倍。

成群的野牦牛会主动逃避敌害，遇到人和汽车也会跑开，而性情凶狠暴戾的孤牛则恰恰相反，常会主动攻击在它面前经过的各种对象。受到伤害的野牦牛不论雌雄，都会拼命攻击敌人，直到力竭而亡。野牦牛发起攻

击时，首先会竖起尾巴示警。人们在野外活动遇到野牦牛时，必须注意它们的这一特点。

由于人类活动范围不断扩大，野牦牛的分布范围越来越小。目前，中国已在西藏羌塘等地建立了自然保护区来保护野牦牛。

藏羚羊

2008年北京奥运会吉祥物之一福娃迎迎，便是以藏羚羊为原型设计的。它象征着挑战极限的精神，更以"羊"字谐音意喻"喜气洋洋"。

藏羚羊是高原上的精灵，主要生活在以羌塘为中心的青藏高原地区。

藏羚羊身穿淡黄褐色的"外衣"，脑袋又宽又长。雄性藏羚羊长着黑色的长角，上嘴唇厚厚的。藏羚羊善于奔跑，最高时速可达80千米，常使狼等食肉兽类望尘莫及。

藏羚羊的活动方式很复杂，某些藏羚羊会长期居住一地，还有一些有迁徙习惯。每年4月底，公母羚羊开始分

群而居，未满一岁的雄仔也会和母羚羊分开。到5—6月，母羚羊与它的雌仔迁徙前往产羔地产仔，然后母羚羊又率幼仔原路返回。完成一次迁徙过程，行程可达300千米。

虽然藏羚羊看起来像个健壮的勇士，其实它个性胆怯，常常躲在岩穴里。而在较平坦的地方，藏羚羊也学会了保护自己。它会挖掘一个小坑，然后趴在小坑里，只露出脑袋。这样既能躲避风沙的吹袭，又能随时发现敌人的偷袭。

美丽的藏羚羊只能活到8岁左右，但它们的生命力非常顽强。在20世纪，因为残忍的盗猎者总是想方设法猎杀它们，导致藏羚羊濒临灭绝。近年来，随着生态保护和打击盗猎力度的加强，藏羚羊的数量已从20世纪八九十年代的不足7万只，增加到目前的约30万只。

雪豹

　　雪豹是亚洲高山高原地区最具代表性的物种，生活在中国的雪豹数量约占全世界的60%。在中国，雪豹的数量甚至少于大熊猫。它被列为国家一级保护动物，被《濒危野生动植物种国际贸易公约》列为濒危物种。

　　雪豹是一种大型猫科食肉动物。新疆天山等高海拔山地是雪豹的家。由于常常在雪线附近和雪地里活动，它拥有了"雪豹"这个名字。雪豹身披灰白色的皮毛，上面还有黑色的斑点和黑环。健壮的雪豹体长110~130厘米，身后还有一条长尾巴，尾巴的长度有90~100厘米，和体长接近。而它的体重有50~80千克，和成年人的体重差不多。

　　雪豹是出色的运动员。它善于调节自己的呼吸，动作灵活。它还有着出色的跳跃本领，即使在高3~4米的悬

崖，也能飞檐走壁般纵身跃下。

　　雪豹喜欢在清晨和黄昏出来寻找猎物，岩羊、北山羊、盘羊、高原兔、旱獭、鼠类等动物都是它的"盘中餐"。雪豹往往会将自己隐藏在捕食目标的附近，悄悄地盯着它们，一旦时机成熟，它便突然跃起，发动袭击。每当雪豹吃饱一次，就能几天不再吃东西。如果长时间都吃不到"美食"，雪豹还会靠雪充饥。

　　雪豹生活于高海拔地区，人们很难看到它们的身影。它们处于高原生态食物链的顶端，被人们称为"高海拔生态系统健康与否的气压计"。可惜的是，因为一些人贪婪地想获得雪豹身上漂亮的皮毛，许多雪豹都丧生于非法捕猎者的手中，雪豹的数量急剧减少。近年来，随着政府对雪豹栖息地保护的加强，雪豹种群数量已从21世纪初期的4100只左右，增长至目前的50000只左右。

羚牛

　　在西藏和秦岭等地的山区，生活着一种"怪兽"。它体型庞大，似牛似羊又似马，还能像狗一样蹲坐，这就是羚牛。

　　羚牛是世界上公认的珍贵动物之一，仅生活于亚洲的中国、印度、尼泊尔、不丹和缅甸5个国家，分为4个亚种：高黎贡羚牛、不丹羚牛、四川羚牛、秦岭羚牛。在中国，4个亚种均有分布。

　　羚牛并不是牛，它居于牛科羊亚科，分类上近于寒带羚羊。它体形粗壮，长2.1米，约重300千克，活像一头小水牛，而头小尾短，又像羚羊，虽叫声似羊，但性情粗暴又如牛，故名羚牛。它生有一对似牛的角，角从头部长出后突然翻转向外侧伸出，然后折向后方，角尖向内，呈扭曲状，所以又被称为扭角羚。

　　羚牛是一种高山动物，栖息于高海拔高山悬崖地带的森林和高山草甸灌丛中。林下生长的灌木、幼树、嫩草及一些高大乔木的树皮，都是它们的美味佳肴。它们白天隐匿在树林、灌丛中休息，黄昏和夜间出来觅食。它们长有一身厚密的被毛，能抵御严寒，可是怕热，夏季气温接近30℃时，羚牛每分钟气喘即达100次以上。

　　羚牛集群性强，常十多只一起活动，多至二三十只，甚至会有多达百只以上的大群，冬季还会出现数量更多的集群。羚牛列队行进时非常守纪律，健壮的公牛分别走在队伍的前面和后面，中间是母牛和幼牛。牛群平时活动时，一般会有一只强壮的羚牛屹立高处，瞭望放哨。如遇敌害，头牛会率领牛群冲向前去，势不可挡，直至脱离险境。

　　群牛不会主动攻击人类，伤人的都是独牛。这是怎么

回事呢？原来，争强好胜的羚牛如果被"情敌"打败，就会觉得羞愧难当，脾气也变得特别暴躁，还会离群出走，见物伤物，见人伤人。如果在野外遇到形单影只的羚牛，可不要去招惹它。

羚牛是中国的国家一级保护动物。20世纪80年代初，中国在西藏察隅、墨脱建立了自然保护区。目前这两地的羚牛数量已发展到近2000只，整个西藏有近3000只羚牛。

普氏原羚

　　普氏原羚又叫滩原羚。1875年俄罗斯博物学家普热瓦尔斯基在内蒙古鄂尔多斯草原上发现这种动物时，误认为它们是藏原羚。直到13年后，人们才正式用普热瓦尔斯基的名字将它们命名为"普氏原羚"。

　　普氏原羚体长约110厘米，肩高约50厘米。雄羚长有一对具有环棱的黑色硬角，角长约30厘米，角的下半段粗壮，近角尖处显著内弯而稍向上，末端形成相对钩曲。它们的嘴唇是黑色的，颌下是白色的。夏季毛短而光亮，呈沙黄并略带赭石色；秋末换毛，冬季毛色较浅，略呈棕黄色或乳白色。一旦受到惊吓，普氏原羚臀部的白毛会竖起外翻，在绿色或黄色草地的反衬下格外醒目，以警示同伴有危险临近。

　　普氏原羚的栖息地为草原和沙丘。在中国青海省，普氏原羚栖息于生长有麻黄、芨芨草、苔草、沙鞭、沙生针茅、狼毒等植被类型的干旱环境中，其间还有数十米高的沙丘、缓坡和开阔的平地。沙丘深处经常成为它们的隐蔽所。普氏原羚栖息地海拔高度一般在3400米以下，它们从不到达更高的山峦，也不到纯戈壁地带活动，所以又被称为"滩黄羊"。

　　为了能够填饱肚子，普氏原羚进化出了无比强大的胃。它们可以吃下麻黄、苔草、狼毒等形形色色难以下咽的植物。它们忍耐干旱的能力也极强。

　　普氏原羚喜欢集群活动，有的几只生活在一起，有的五六十只组成一队。在寒冷的冬季，浩浩荡荡的普氏原羚向南迁移到气温较高、植被丰富且有水源的地方。夏季到来，它们又成群结队往北返回。普氏原羚常常受到狼群的侵扰。受惊的普氏原羚会疾驰如飞地逃至远处，但是危险

过后，它们又会回到原来生活的地方。

由于栖息地环境恶化，普氏原羚的数量锐减，并被迫向高海拔地区迁移。如今，只能在青海湖环湖地区看到它们的身影。2000年，普氏原羚被列为中国野生动植物保护工程重点拯救和繁育的15大物种之一。

藏野驴

　　同藏羚羊命运相似的藏野驴也曾经是盗猎者枪下的牺牲品，被列入世界自然保护联盟濒危物种红色名录。中国政府将藏野驴列为国家一级保护野生动物，严禁捕猎和破坏其栖息地行为。

　　藏野驴是野生驴中体型最大的一种，外形像骡子，头部较短，耳朵较长，全身被毛以红棕色为主。成年个体肩高可以达到1.4米，体长可以达到2米，体重可以达到250~400千克。它们的身形比普通家驴高大得多，看上去矫健雄伟，所以也被当地人叫作"野马"。

　　藏野驴主要生活在中国西南部海拔3600~5400米的高寒荒漠地带，对高原环境的耐受力非常强。它们成群结队地过着游荡生活，小的群体仅仅数头，大的群体可达数十头甚至上百头。夏季它们在海拔5000多米的高山上生活，冬季迁徙到海拔较低的地方。它们通常以茅草、苔草和蒿

类为食。

　　藏野驴的奔跑速度和耐力都很好，可以以50~60千米的时速持续奔跑四五十千米。这种骄傲的动物会做出在野生动物中罕见而有趣的举动：它们常常会和路遇的汽车赛跑。整个驴群的几十头野驴在汽车旁狂奔数千米，直到它们超过车头冲到前面赢定了，才会结束这场"中长跑比赛"。当地的藏族群众说，有些藏野驴就是这样被累死的。

　　藏野驴还有几样特殊的本事：敏锐的视觉、嗅觉和听觉。藏野驴极善于在草原和高山草甸之间发现水源，它们甚至能嗅到深埋地下数米的水源，然后再用自己庞大的蹄刨出一个水坑。它们不仅用这些水坑解决整个驴群的饮水问题，还会慷慨地允许藏羚羊、藏原羚等体型较小的动物共同饮用。

　　过去，由于偷猎等原因，藏野驴的数量曾经不断下降。近年来，随着多处保护区的建立，藏野驴的数量在逐年回升。

麋鹿

麋鹿是世界珍稀动物。因为它们头脸像马、角像鹿、蹄像牛、尾像驴，又被称为"四不像"。

麋鹿是一种大型鹿类，体长170~217厘米，体重一般在120~180千克，成年雄鹿体重可达250千克。雄鹿长着一对多分叉的大长角，最长可以达到80厘米。雌鹿没有角，体型也较小。

麋鹿喜欢群居，善于游泳，以嫩草和水生植物为食。在鹿类当中，它们是性情比较温顺的一种。它们的奔跑速度不及梅花鹿和狍子，雄性麋鹿之间为争夺配偶的角斗也相对温和，没有激烈的冲撞和大范围的移动，很少导致伤残。发情期的雄鹿也不像梅花鹿、马鹿、白唇鹿那样会有攻击人的行为，但这些特点也导致它们比较容易被天敌和人类捕杀。

历史上，麋鹿家族曾经非常昌盛。已出土的麋鹿化石表明，麋鹿起源于距今200多万年前。距今约1万年至距今约3000年时，其数量曾达到上亿头，广泛分布于中国东部及中部地区的长江南北。后来，由于自然气候变化和人为因素，在汉朝末年麋鹿就已很少见了。元朝时，残余的麋鹿被捕捉运到皇家猎苑内饲养，以供游猎。到19世纪时，只剩在北京南海子皇家猎苑内的200多头。

1865年，法国传教士在中国发现了这种奇特的动物。此后几十年间，不断有活体麋鹿被运出中国，流向西方。1900年，八国联军入侵北京，皇家猎苑的麋鹿几乎被杀光，只有一小部分被运往欧洲各地。

英国曾经购买部分麋鹿，并繁殖到200多头。在世界动物保护组织的协调下，从1985年开始，英国陆续向中国

提供了几十头麋鹿，这些麋鹿被放养在北京南海子麋鹿苑和江苏省大丰麋鹿保护区。回到家乡的麋鹿繁殖非常快。1994年，中国又在湖北省石首市建立了第三个麋鹿保护区。截至2021年，全国麋鹿种群数量超9000头，占世界总数的90%左右。

到2013年底，全世界麋鹿总数达4000多头，已从世界自然保护联盟的濒危物种红色名录中除名。《世界动物园保护策略》数据显示，全世界总共开展了近138个物种的"重引进"项目，只有15项成功，麋鹿是最成功的项目之一。

白眉长臂猿

　　长臂猿是我们人类的近亲，因臂长而得名，共分四属十二种。在云南西部的森林中，生活着一种长臂猿——白眉长臂猿，是国家一级保护野生动物。

　　名副其实，白眉长臂猿既有一双长臂，又长着一对白眉毛。眼睛上面的白色斑纹，是它们区别于其他长臂猿的最明显的特征。它们体长为45~65厘米，体重10~14千克，没有尾巴，前肢明显长于后肢。雌雄白眉长臂猿身

着不同颜色的"服装",雄性的被毛一般是褐黑色或暗褐色,雌性大部分是灰白色或灰黄色。初生幼仔的体毛是乳白色的,6个月后才变为灰黑色。白眉长臂猿在7~8岁时性成熟,寿命一般为20~30年。

白眉长臂猿栖息于热带或亚热带的高山密林之中。它们不筑巢,觅食、睡觉、休息都在树上进行,很少下地活动。它们以多种野果、鲜枝嫩叶、花芽等为主要食物,也吃昆虫和小型鸟类。

白眉长臂猿为单雄单雌配偶系动物,实行"一夫一妻制"。夫妻俩同自己的孩子组成一个小的群体,通常3~5只为一群,占据一块面积为30~40公顷的领地。

"白眉大侠"们还喜欢"唱山歌"。每天早上起来,它们都会发出大声的啼叫,声音洪亮,数里外都可以听到,发音好像"呼——克,呼——克"。所以,它们又被叫作呼猿,或呼洛克猿。

白眉长臂猿属有两个物种:西白眉长臂猿和东白眉长臂猿。西白眉长臂猿分布于缅甸钦敦江以西;东白眉长臂猿则分布于缅甸钦敦江与中国怒江之间的地区。中国的白眉长臂猿主要是东白眉长臂猿。后来,研究人员发现,生活在高黎贡山的部分白眉长臂猿与另外两种白眉长臂猿有明显差异,该物种和典型的东白眉长臂猿在50万年前已经分化,应属独立物种。2017年,研究人员把这种新物种命名为"天行长臂猿"(又名"高黎贡长臂猿")。

无论是东白眉长臂猿,还是新发现的天行长臂猿,数量都已十分稀少了。中国建立了云南高黎贡山、盈江铜壁关等自然保护区对它们进行保护。近年来,保护区内白眉长臂猿的数量稳中有升。

北山羊

　　北山羊是国家一级保护野生动物。它们如同一个个轻功卓绝的武林高手，生活在悬崖峭壁之上。

　　在新疆海拔3500~6000米的高原地带，布满裸露的岩石和碎石，成群的北山羊就生活在这里。它们是攀登和跳跃的能手，能泰然自若地爬上悬崖峭壁，行走在乱石之间。北山羊的一身本领是怎么炼成的呢？原来，它们的蹄子强壮有力，关节还具有弹性，脚趾像钳子一样能抓紧地面。

　　北山羊体长115~170厘米，长着棕色的皮毛、长长的胡须。无论雌雄，脑袋上都长着两把"弯刀"，这是它们的羊角。雄性北山羊的"弯刀"一般有1米左右，看起来威风凛凛。

　　北山羊喜欢成群活动，由身强力壮的雄羊担任羊群首领。它们的警惕性极高，在觅食的时候会留下两三只雌羊放哨，站立在离群体不远的岩石上。一旦发现异常情况，羊群便立即爬上悬崖峭壁。有时候连雪豹也拿它们无可奈何。

　　北山羊的天敌是猞猁、狼、豺和雪豹，其中雪豹是最擅登高的大型食肉动物。为了躲避敌害，北山羊只在地势险要的地方觅食。它们常背靠积雪的山巅或冰川，脚下是深不见底的深渊，使雪豹难以对其发动袭击。

　　北山羊在中国主要分布于新疆、西藏西北部、青海、甘肃北部及内蒙古西部等地，目前已被列入世界自然保护联盟的濒危物种红色名录。新疆塔什库尔干县建立了以保护北山羊等为主的保护区。

亚洲象

亚洲象是亚洲现存最大的陆生动物，体重达3~5吨，刚出生的小象就重100千克。它们的平均寿命为65~70岁，据说有的亚洲象甚至能活到110~130岁。

亚洲象生活在亚洲南部的雨林及林间的沟谷、山坡、稀树草原、竹林及宽阔地带。它们喜欢群居，但没有固定的家，常在海拔1000米以下的沟谷、河边、树林等处游荡。它们在林中游走后，常形成明显的象路，这也为其他动物出行提供了便利。

亚洲象主要食用草、树叶、嫩芽和树皮，也会吃农作物，如香蕉和甘蔗。亚洲象的生活中水是必不可少的，它们会长途跋涉去寻找水源。由于毛少，亚洲象容易生皮肤病，所以需要经常洗澡或做泥浴。在洗泥浴后，亚洲象浅灰色的皮肤会被染成泥土一样的棕红色。

化石的发现以及历史文献记载表明，7000多年前，亚洲象曾经分布在中国北起河北省、南到雷州半岛的广阔区域。随着气候的变冷和人类活动范围的扩大，亚洲象的栖息地逐渐向南退缩。目前，中国的野生亚洲象仅分布于云南省南部与缅甸、老挝相邻的边境地区。

亚洲象在自然界中几乎没有天敌，但由于非法猎杀、栖息地减少等原因，地球上的野生亚洲象数量自19世纪以来迅速减少，目前已被世界自然保护联盟列为濒危物种。在中国，亚洲象被列为国家一级保护野生动物，受到法律严格保护。

拯救亚洲象，中国在行动。在云南西双版纳，为保护热带雨林，给亚洲象等野生动物提供足够的活动空间，当地近年来新增划了超过100万亩的自然保护区，许多村民从世代居住的村寨搬离。在云南省普洱市，当地专门为亚洲象开设了"大象食堂"，在野象活动频繁的区域种植了近4000亩大象爱吃的植物。由于象群时常在边境地区活动，中国政府还加强了与周边邻国的合作，共同保护野象。从2009年开始，中国与老挝已在边境地区合作建立了总面积约2000平方千米的跨境生物多样性联合保护区域，两国还多次共同开展野象种群调查、联合巡护等工作。曾经有一头野生亚洲象多次大摇大摆地走过中老边境的勐康边检站，工作人员不但没有阻拦它，还疏导其他旅客，让它优先通过。

据中国林业部门统计，在严格的保护措施下，云南野生亚洲象种群数量已从30年前的180头左右增长到现在的300头左右。

野骆驼

　　人们称骆驼为"沙漠之舟"，它们是人类在沙漠中旅行的好伙伴。而在人迹罕至的荒漠戈壁深处，还生活着骆驼的近亲——野骆驼。

　　野骆驼又名野生双峰驼，是生活在亚洲腹地的大型哺乳动物之一。它们身高近2米，比家养骆驼的体型要小一些；背上也有两个驼峰，比家养骆驼的驼峰小，形状接近圆锥形；体色呈金黄色到深褐色，冬季颈部和驼峰会生长毛，还有两行长长的眼睫毛和耳内毛抵抗沙尘；鼻子里有可以随意开闭的瓣膜，既能良好呼吸，还能防止风沙进入。

　　驼峰贮藏的脂肪，可以使野骆驼在没有食物时生存数日。水则充满在围绕胃的小室中，使它们能够在无水时生存数周。它们也能喝轻微含盐的水，并通过尿液排出浓缩的盐分。它们还能够随意改变体温，不需要出汗或耗费能量调节体温。野骆驼还会掉眼泪，泪水会从它们的长睫毛下顺着脸颊流下来。不过它们可不是因为难过而哭，而

是要用这一绝妙本领冲洗出眼里的沙子。这一整套适应能力，使得野骆驼能够抵抗冬季的严寒和夏季的酷热，适应大漠的风沙和干旱。

野骆驼在中国主要分布在罗布泊北部嘎顺戈壁、阿尔金山北麓以及塔克拉玛干沙漠东部一带，在中蒙边境外阿尔泰戈壁也有少量分布。这些区域都极端干旱，植被稀少，冬季严寒，基本上是人类生存的禁区。野骆驼却在这里安静又顽强地生活着，如苦修的隐士。在这种恶劣的环境中，它们能够世世代代生存下来，可以说是一个奇迹。

全世界现存野骆驼仅有500~1000头，其中半数以上在中国。威胁野骆驼种群延续的因素有栖息地的改变、非法狩猎以及和家养骆驼杂交等。野骆驼是中国国家一级保护野生动物。为了使它们拥有一个休养生息的良好环境，中国为它们建立了阿克塞安南坝自然保护区、敦煌湾腰墩自然保护区，还把新疆维吾尔自治区原来1.5万平方千米的阿尔金山野骆驼自然保护区，扩大为7.8万平方千米的阿尔金山—罗布泊野骆驼自然保护区，这是世界上最大的自然保护区之一。

坡鹿

　　坡鹿是中国国家一级保护野生动物，海南特有亚种，也是中国17种鹿类动物中最珍贵的一种，被誉为"稀世之珍"。

　　坡鹿的外形与梅花鹿相似，但体形较小，一般体长为160厘米左右，体重70~130千克，躯体和四肢较梅花鹿更为细长，显得格外轻灵矫健。

　　它们的毛是黄棕、红棕或棕褐色的，背部有黑褐色中线，背脊两侧各有一列白色斑点，与梅花鹿相比，花斑比较稀少。它们的长方大脸配上一对竖着的大耳朵，看起来很有福相。雄鹿长角，一对主干和分叉都比较长，弯弯地竖在头顶上，像四柱花蕊。

　　坡鹿喜欢群居，通常成双成对或3~5只在一起组成一个个小群体，但长着长长的大角的雄鹿却大多单独行动。它们平时常活动在灌木丛生、杂草茂密的山坡边缘，"坡鹿"的名字也来源于此。它们的主要食物是青草和嫩树枝叶等，尤其喜欢吃水边或沼泽地里生长的水草。此外，它

们还经常舔食盐碱土，以补充身体所需的矿物质和盐分。

坡鹿的视觉和听觉都非常敏锐，奔跑迅速，善于跳跃。它们在觅食的时候警觉性也很高，每吃两三口，便抬起头来四处张望，倾听周围的动静。一旦发现敌害，它们立即疾驰狂奔而去。坡鹿能跳过高高的灌木丛和5米宽的河沟，因此民间还有关于它会"飞"的传说。

在繁殖的季节，雄性坡鹿之间往往会爆发激烈的冲突和打斗，有时甚至会两败俱伤。它们还会"装腔作势"，用角在草丛中搅动，粘上一些茎叶来威慑对方；或者在泥浆里打滚，把自己弄得脏兮兮的，表示"我比你狠"！

坡鹿主要分布在中国、柬埔寨、印度、老挝、缅甸等国。由于栖息环境被破坏和人类的猎杀，坡鹿在各国的种群数量都大幅下降，面临灭绝的危险。因此，各国都采取了相应措施来保护坡鹿。

1976年，中国在海南岛建立了大田、邦溪两个自然保护区，负责保护坡鹿。2017年，海南坡鹿种群数量已达1785头，成为中国野生动物保护成效最为显著的物种之一。

台湾猴

　　台湾猴是中国国家一级保护野生动物，是中国台湾地区特有的猴子。

　　据研究，台湾猴的祖先就是中国大陆的猕猴。在约1万年前的几次冰期，海平面很低，台湾岛与大陆连成一片，猕猴扩散到了台湾。

　　因为与猕猴同宗，台湾猴的体形酷似猕猴，但是比猕猴小而胖。雄性台湾猴的体长为44~54厘米，尾长为38~39厘米；雌猴的体长为36~45厘米，尾长26~45厘米，体重一般在4~5千克。台湾猴毛柔软且厚实，有点像羊毛，背毛为橄榄褐色，腹部一面为灰白色，长着一张粉红脸。由于"手脚"近乎黑色，它们又被称为"黑肢猴"。近年还曾发现有全身白毛的个体，但非常少见。

　　台湾猴栖息于岩壁和山林之中，为半地栖动物，取食各种野果、树叶、昆虫，有时也盗食农家的谷物和瓜果。它们感觉灵敏，行动迅速，外表粗壮而内在聪敏慧黠，喜欢群居。猴群为一雄多雌制，每个群体由一只成年雄兽担任首领，猴群内有明显的社会组织和多样的社会行为。它们为了在族群中争霸，会连日"决斗"；为了搞好内部关系，每天会互相理毛。它们还会以不同音调的叫声和微妙的身体语言，来互相沟通，例如用快速眨眼和点头来恐吓对方，或以调皮的脸相去吸引对方与自己嬉戏等。

　　从前，由于伐木业对其生活环境造成了巨大破坏，加之捕猎，台湾猴的数量变得极为稀少。台湾地区出台了一些保护措施，先后建立了"二水""台东""垦丁"等以保护台湾猴为主的自然保护区，有效地保护了这一特有物种，台湾猴的数量明显增加。

褐马鸡

　　褐马鸡是中国特产珍稀鸟类，不仅种群数量少，而且外形独特，被誉为"东方宝石"。中国鸟类学会就以褐马鸡图案为会标。

　　褐马鸡的两对长长的尾羽高高翘起，其他羽支均下垂，覆盖在整个尾上，犹如马尾，因此也被称为"马鸡"。它们性情暴烈、健勇善斗，是鸟类中的勇士。据说褐马鸡的雄鸟在每年的繁殖期间，都要为争夺雌鸟而决斗。因此，中国古代常用褐马鸡的尾羽装饰武将的帽盔，希望将士奋勇杀敌的斗志就像褐马鸡一样顽强。历史上，为取其尾羽装饰武将帽盔而猎杀褐马鸡的行为曾非常严重。到了近代，褐马鸡的羽毛作为装饰品在欧洲市场上价格高昂，更使它们成为乱捕滥猎的对象。直到1988年《中华人民共和国野生动物保护法》颁布，这种大规模猎杀褐马鸡的现

象才被彻底遏止。

　　褐马鸡是栖息在山区森林地带的鸟类。它们主要生活在以华北落叶松、云杉、杨树、桦树为主的森林中。除繁殖期外，它们喜欢成群活动，特别是冬季，有时集群多达30余只。白天它们主要在地面活动，尤其喜欢林间空地或林缘草地，夜间则栖宿在大树枝杈上。它们主要以乔木、灌木和草本植物的叶、嫩茎、幼芽、花蕾、浆果、种子等植物性食物为食，也吃少量动物性食物。

　　褐马鸡是一个古老的类群。历史上，褐马鸡曾在中国广泛分布，范围可能包括华北、东北、西北，甚至长江以南。如今，它们的分布范围则很小，据有关资料显示，仅在山西、陕西、河北、北京4个省市有分布，其中山西省沁源县是褐马鸡种群主要栖息繁衍地之一。中国已经在山西、河北等地建立了以保护褐马鸡为主的自然保护区。根据野外调查，估计中国褐马鸡的总数为5000只左右。

红腹锦鸡

中国一直没有确定国鸟。关于用哪种鸟类做国鸟，人们一直有争议，而红腹锦鸡，却做过中国的"代国鸟"。

2001年8月，第21届世界大学生运动会在北京开幕。各国（地区）运动员入场式的引导牌上，首次绘制了代表该国家（地区）的禽鸟图案：阿尔巴尼亚引导牌上的图案是其国鸟山鹰，澳大利亚是琴鸟、比利时是红隼、丹麦是云雀，还有法国的大公鸡、德国的白鹳……当中国代表队步入会场，引导牌上那只鲜艳神气的红腹锦鸡立即令所有观众眼前一亮，全场响起了热烈的掌声。因为红腹锦鸡既是国家二级保护野生动物，属于中国特有珍稀鸟类，又一直在传统文化中担当着"锦绣前程、幸福吉祥"的象征，可以充分表达中国人民对远方客人的热情和对祖国最美好的祝愿，所以它有幸成为这次运动会上的"代国鸟"。

红腹锦鸡也被称作"金鸡"，据说传说中的凤凰的原型就是红腹锦鸡。它们体长59~110厘米，尾巴特别长，达38~42厘米。雄鸟很漂亮，身披黄色、红色、白色、蓝

黑色、铜绿色、黑褐色相间的羽毛，头顶金黄色羽冠，拖着长长的尾羽，色彩绚丽，如花似锦。向雌鸟求爱时，雄鸟身上华丽的羽毛都会向外蓬松，彩色的披肩羽盖住了头部，一侧的翅膀翘起来，将其翅膀、背、腰上的五彩斑斓的羽毛都展现在雌鸟面前，十分好看。雌鸟的头顶和后颈呈黑褐色，身上的羽毛为棕黄色和黑褐色相间，貌不惊人。因为它们担负着养育后代的重任，安全才是最重要的，所以在外貌上保持"低调"。

红腹锦鸡生活在海拔500~2500米的丛林地带，分布的核心区域在甘肃和陕西南部的秦岭地区，四川、重庆、云南、贵州和湖南等地也有分布。丛林中，无论是植物的叶子、花、果，还是昆虫，都是它们的食物。红腹锦鸡生性机警、胆怯怕人，听觉和视觉都非常敏锐，一旦有风吹草动，它们就会迅速隐匿到草丛中或飞进树林里。

因为其美丽的羽毛，红腹锦鸡曾经遭到大量捕杀，被列入世界自然联盟濒危物种红色名录。近年来，随着中国退耕还林还草政策的实施，以及对野生动物保护力度的加强，生态环境逐步修复，红腹锦鸡种群也在逐渐恢复。

朱鹮

　　已经在世界上存活了6000万年之久的朱鹮，古称朱鹭、红朱鹭，是东亚特有鸟种，曾广泛分布于中国东部、日本、俄罗斯、朝鲜等地。如今，朱鹮是世界濒危鸟种。

　　朱鹮一般栖息在海拔1200~1400米的疏林地带。它们性情比较孤僻而沉静，除起飞时鸣叫外，一般活动时不鸣叫；常单独或成对或成小群活动，极少与别的鸟合群。在中国和日本南部繁殖的朱鹮种群，通常不迁徙，为留鸟。

　　朱鹮的羽毛绚丽多彩，长长的筒状嘴巴向下弯曲，修长的双腿让它们显得体态秀美，犹如一位端庄大方的贵妇，无论翱翔或伫立，都美丽极了。近一个世纪，随着人

口的激增、生态环境的恶化，朱鹮逐渐从人们的视线中消失。那么，中国还有朱鹮吗？

1981年5月，朱鹮考察队的成员进驻陕西省洋县。他们发动群众寻找朱鹮。村民带领科考人员来到朱鹮可能生活的区域，虽然没有见到朱鹮，但科考人员发现了3根朱鹮的羽毛。有了羽毛的佐证，大家坚定信心，继续在秦岭寻找朱鹮。一天傍晚，考察人员到达洋县马道梁。突然，大家被两声鸟鸣声吸引住，抬头一看，一只大鸟正从空中一掠而过。"是朱鹮！真是它！"大家都看得清清楚楚。最终，科考人员顺藤摸瓜，找到了秦岭深处的7只朱鹮，并开始人工培育朱鹮。

据不完全统计，全球朱鹮种群数量已由1981年发现时的7只，扩展到现在的5000余只，其中中国境内4400只，朱鹮受危等级由极危降为濒危。

赤斑羚

　　赤斑羚又叫红斑羚、红山羊，是中国国家一级保护野生动物。虽然早在20世纪初它们就已经被发现，但直到1961年才被确定学名，是世界上定名较迟的兽类之一。

　　赤斑羚体长95~105厘米，肩高60~70厘米，体重约20千克。四肢粗壮，蹄子较大。雌雄均有一对黑色角，角短而圆，向上后方倾斜，基部有环棱。它们体型与斑羚相似，但头部、颈、体背均为红棕色，四肢除外侧上段为污白色外，也为红棕色，背部中央有一条黑褐色的纵纹，远看有如赤狐一般，十分美丽。

　　赤斑羚是典型的林栖动物，终年栖息于海拔1500~4000米之间的常绿阔叶林和针阔叶混交林内，喜欢在山势险峻、水急林密、巨岩陡坡的深山峡谷地区活动。它们主要以草本植物和树叶等为食。宽大的蹄子适于攀登，使它们在悬崖峭壁上奔跑跳跃却如履平地。它们早晨和下午活动较多，一般成对或几只结成小群外出觅食和饮水，中午大多在隐蔽的石板上休息。

　　赤斑羚性情机警，活动前先要在四处窥探，确认没有危险才慢步前进。一旦受惊，便立即蹿入附近的隐蔽处躲藏起来，很少做长距离的奔逃。但是它们觅食和饮水的地方较为固定，这一习惯往往导致它们落入猎人之手。

　　1961年，缅甸人在缅甸伊洛瓦底江上游的阿敦河岸第一次发现赤斑羚。1973年，中国在西藏地区第一次发现赤斑羚。猎人们非常喜欢猎捕赤斑羚，因为它们不仅肉质鲜美，更重要的是它们的皮板柔软耐用，美丽有光泽，适合做皮衣。因为多年被人追捕猎杀，这些机警又可爱的森林生灵的数量越来越少。中国境内的赤斑羚大多迁徙到了西藏墨脱一带的深山峡谷里，据说在高黎贡山也可以看到它们的踪影。

　　赤斑羚被世界自然保护联盟列入濒危物种红色名录。现在，在西藏墨脱、林芝等地已经建立了赤斑羚保护区。因为发现得晚，目前人们对赤斑羚的研究还几乎是空白。相信随着研究的深入，人们会对作为大自然一部分的赤斑羚有更多的了解。

白头鹤

白头鹤和丹顶鹤一样是大型涉禽，也都是国家一级保护野生动物。涉禽是一类适应于在浅水或岸边栖息生活的湿地水鸟，其最主要特征就是"三长"——嘴长、颈长、脚长。它们擅长涉水行走，但不适合游泳。

在中国东北地区，齐齐哈尔扎龙湿地、黑龙江三江自然保护区、兴凯湖自然保护区、洪河自然保护区、吉林向海自然保护区、辽宁双台河口湿地以及鸭绿江口湿地，都有丹顶鹤、白枕鹤、白鹤、白头鹤等栖息或停留。除了扎龙湿地重点保护丹顶鹤外，黑龙江省还设立了一个国家级湿地保护区——伊春市新青湿地保护区，专门保护白头鹤。

白头鹤两眼前方及额头的毛是黑色的，头顶还有一点裸露的朱红色的皮肤，但不像丹顶鹤那么明显。它们头部其余部分及颈部的大部分都是白色的，所以被称为白头鹤。但因身体其余部分多为灰色或灰黑色，又被称为锅鹤、玄鹤或修女鹤。

人们发现，这种大鸟很不简单。它们在用餐的时候很有"君子风度"，从不暴饮暴食。无论食物多寡，无论是吃鱼、昆虫还是吃粮食，都是斯斯文文、一口一口地吃。

它们的风度还体现在哺育后代上。白头鹤夫妻要用31天左右的时间轮流孵化2枚蛋宝宝。在此过程中，经常出现温馨动人的场面。在换班时，它们先是悄悄细语，接着巢上的值班鹤缓缓走下，并不断从身边拾取枯枝草叶添加到巢上，以示关爱；继任者轻轻上巢，时而理羽，时而拨卵，温情脉脉。无论风霜雪雨，它们都始终尽职尽责地呵护着它们的下一代。

最让人惊讶的是，白头鹤竟然都有专门的厕所——它们总在距离自己的巢5~8米的一处固定的地方方便。方便

前它们会用爪子刨刨地，方便后再刨点土掩盖。所以，白头鹤的巢十分整洁。

现在，全世界仅存白头鹤9000多只。它们在俄罗斯西伯利亚地区和中国东北地区繁殖，在中国长江下游地区和日本越冬。

白鹤

　　白鹤是一个古老的物种，据考证它们在地球上已有6000万年的漫长历史，堪称鸟类中的"活化石"。因为拥有优雅的体态和洁白的羽毛，有人赞美它们是"鸟类中的百合花"。

　　白鹤体长130~140厘米，体型略小于丹顶鹤。它们站立时，通体白色，前额鲜红色，嘴和脚暗红色；飞翔时，翅尖黑色，其余羽毛白色。

　　白鹤栖息于开阔平原沼泽草地、苔原沼泽和大型湖泊沿岸及浅水沼泽地带，对浅水湿地的依恋性很强，喜欢大面积的淡水和开阔的视野。它们常单独、成对和成家族群活动，迁徙季节则常常集结成数十只甚至上百只的大群。

　　在世界范围内，白鹤有3个分离的种群，即东部种群、中部种群和西部种群。东部种群在西伯利亚东北部繁殖，在长江中下游越冬。环志证明，东部种群的迁徙线路

是从俄罗斯雅库特向南迁飞5100千米，到中国江西鄱阳湖湿地越冬。

鄱阳湖湿地是候鸟们的乐园。每年10月至次年3月，白鹤、天鹅等数百万只候鸟从遥远的西伯利亚等地飞越几千千米来此过冬，到春天再飞回去。鄱阳湖湿地是世界最大的白鹤集中越冬地，全世界的白鹤大多会来这里过冬，所以这里有"白鹤王国"的美称。

2012年4月，鄱阳湖湿地的白鹤过完温暖的冬天集体飞回北方之后，工作人员在水塘里捡到一只虚弱得站不起来的小白鹤。工作人员给它取名为"爱爱"。经过精心照料，很快"爱爱"恢复了健康。可是，这时候它的"家人"都已经飞走了，而夏季的鄱阳湖不适宜白鹤独自居住。还好，它的"家人"并没有走远，还在吉林长春市境内落脚。工作人员决定专程带"爱爱"坐飞机追上"家人"。5月，"爱爱"终于在长春和失散一个月的家庭成员汇合，一起展开翅膀，向北飞去……

蓝鹇

　　蓝鹇又名腹鹇、华鸡、台湾蓝腹鹇，是中国特产鸟类，仅分布于中国台湾地区。

　　蓝鹇长着一张小红脸，雄鸟身披蓝、黑、红、白等颜色相间的羽毛，雌鸟的羽毛则以灰褐色为主。无论雌雄，都长着长长的尾羽。蓝鹇的长相非常漂亮，即便与公认的美丽鸟类孔雀比，也不逊色。

　　蓝鹇属于个头比较大的鸟类，不过雄性与雌性的体型差距较大。成年以后雄性的体长可以达到约80厘米，而雌性的体长只有50厘米。

　　蓝鹇一般生活在海拔2700米以下的山地森林中，尤其喜欢茂密的原始阔叶林和成熟的次生阔叶林。它们常单独活动，早晨和黄昏最为活跃，中午活动性较差，晚上多栖息于树上。蓝鹇活动时，常沿固定的线路进行，久而久之便会形成明显的"鸟径"。活动时，蓝鹇常常昂首阔步，行动机警，喜欢走走停停，四外观望。受惊后，它们会迅速奔跑，羽冠耸立，尾羽微展。待跑到一定距离外，再停下机警地观察动向。蓝鹇除善于在地面行走和奔跑外，也能飞翔和跳跃。

　　蓝鹇是杂食性动物，主要以植物的嫩叶、幼芽、花、茎、果实、种子以及根和苔藓为食，也吃蚱蟋、蝉的幼虫、蚯蚓、蚂蚁、蝗虫甚至蛙等动物性食物。它们的觅食活动主要在地面，常常快步行走，边走边啄食。即使在食物非常丰富的地方也是如此，显得很匆忙。

　　蓝鹇在中国台湾地区曾有广泛的分布，数量很多。但随着经济的快速发展、人口的增加，大量森林被砍伐、土地被开垦，蓝鹇的栖息生存环境遭到很大破坏，分布区

域越来越小。加上人类的捕猎，导致蓝鹇种群数量急剧下降。目前，蓝鹇已经被列为中国国家一级保护野生动物，被世界自然保护联盟列入濒危物种红色名录中的近危物种。

中华秋沙鸭

　　普通鸭子的嘴都是扁扁的，你见过尖嘴的鸭子吗？中华秋沙鸭便是如此。中华秋沙鸭是第三次冰河时代少有的幸存者，距今已经有1000多万年的历史，是中国特产稀有鸟类，数量极其稀少，属于比扬子鳄还珍稀的国际濒危动物。中华秋沙鸭和大熊猫、滇金丝猴一样，是国家一级保护野生动物，也是中国的国宝。

　　中华秋沙鸭的外貌比普通的鸭子漂亮得多。它们的嘴巴红红的，颈部到背部的羽毛是黑色或褐色的，渐变为灰色。身体两侧的羽毛上具有黑色鳞纹，这是其最醒目的特征之一，所以它们早先的名字叫鳞胁秋沙鸭。最特别的是，中华秋沙鸭脑袋上的羽毛长长的，有时还会高高耸起，十分显眼。

　　鸟类学家发现，中华秋沙鸭的原产地是中国吉林省长白山等地区，分布范围狭小，只有零星个体偶尔飞到朝鲜和俄罗斯远东地区境内，因此，改称其为中华秋沙

鸭。中华秋沙鸭对居住环境有特别要求，喜欢在干净的森林溪流边居住。别看它们常常待在水面，其实它们的飞行本领可高了。它们警觉性高，飞起来也很快，所以人类很难捕捉到它们的身影。

为了填饱肚子，中华秋沙鸭喜欢在水流较缓慢的地方寻找美食。鱼类和螺类等水生动物都是它们的目标。为了吃到水里的鱼，它们还练就了一身潜水的本领。

平时，中华秋沙鸭都是以小家庭的方式分散活动，只在迁徙前才集合成大的群体。它们春季迁徙到东北地区的长白山和小兴安岭等地繁殖，深秋时又自北方南飞到太湖等地的苇塘里，避寒越冬。

中华秋沙鸭是濒危动物，在许多地方都只剩下零星的个体。人类砍伐森林、污染河流和非法捕猎等行为，都威胁到了它们的生存。中国已经建立了一些保护区来保护这种特别的"国宝鸭"，其中黑龙江省小兴安岭的碧水中华秋沙鸭自然保护区，是中华秋沙鸭在国内最大的集中繁殖栖息地。

扬子鳄

扬子鳄又名鼍，或称中华鼍、土龙、猪婆龙，是中国特有的一种鳄鱼，也是世界上体型最小的鳄鱼品种之一。它们古老而稀有，是现存数量非常稀少、在世界范围内濒临灭绝的爬行动物之一。

扬子鳄因为生活在长江（别称"扬子江"）流域而得名。它们有1.5亿多年的进化史，与恐龙属同一时代。在扬子鳄身上，至今还可以找到恐龙类爬行动物的许多特征，所以人们称扬子鳄为"活化石"。

扬子鳄身长2米左右，体重10~30千克，四肢较短而有力。扬子鳄的前肢和后肢有明显的区别：前肢有五指，指间无蹼；后肢有四趾，趾间有蹼。这些结构特点，使它们既可在水中生活，也可在陆地生活。它们的吻短而纯圆，吻的前端生有一对鼻孔。有意思的是，它们的鼻孔有瓣膜，可开可闭。

　　扬子鳄喜欢栖息在人烟稀少的河流、湖泊、水塘之中，大多在夜间活动、觅食，主要吃一些小动物，如鱼、虾、鼠类、河蚌和小鸟等。扬子鳄所生活的长江中下游地区冬季气温较低，因而它们会冬眠，有时甚至数月不进食，忍受饥饿的能力很强。

　　打洞是扬子鳄最擅长的本领，头、尾和锐利的趾爪都是它们天生的打洞工具。它们的洞穴常有几个洞口，有的在岸边滩地芦苇丛生的地方，有的在池沼底部，地面有出入口和通气口，而且还有适应各种水位高度的侧洞口。它们的洞穴内，通道纵横交错，就像一座地下迷宫。动物学家认为，也许就是这些地下迷宫，帮助它们度过了数千万年前恐龙灭绝时的寒冬，存活下来。

　　现在世界范围内的扬子鳄仅有数百条。中国已经把扬子鳄列为国家一级保护野生动物，严禁捕杀。为了使这种珍贵动物的种群能够延续下去，中国还在安徽、浙江等地建立了扬子鳄的自然保护区和人工养殖场。安徽省扬子鳄国家级自然保护区建立于1982年，经过十几年的努力，人工繁殖扬子鳄获得成功，使这一古老的物种喜获新生。

长江江豚

　　江豚是一种小型的齿鲸类哺乳动物。中国水域的江豚包括2个海洋亚种和1个淡水亚种，而长江江豚则是全球唯一的江豚淡水亚种，被世界自然保护联盟濒危物种红色名录列为极危物种。

　　长江江豚俗称"江猪"，成年体长一般在1.2~1.6米，最长的可达1.9米；体重约50~70千克。它们的头部钝圆，额部隆起稍向前凸；吻部短而阔，上下颌几乎一样长，开合之间，像是在微笑，憨态可掬；全身铅灰色或灰白色，没有长吻和背鳍。长江江豚的寿命约为20年。

　　长江江豚性情活泼，常在水中上游下蹿，身体不停地做翻滚、跳跃、点头、喷水、转向等动作。它们的食物包括青鳞鱼、鳗鱼、鲈鱼、大银鱼等鱼类和虾、乌贼等。它们分布在长江中下游一带，主要栖息地包括洞庭湖、鄱阳湖以及长江干流。

　　江豚的大脑同海豚一样发达，其智力水平与陆地上的大猩猩接近，是一种聪明而有灵性的动物。和海豚一样，江豚在水中也是靠着发达的回声定位系统来辨别方向的。

　　2012年春天，长江大旱。当中科院的科研人员对江豚进行监测时，摄影师拍下了长江江豚眼睛里流出的一滴透明液体。人们惊呼：江豚哭了！长江江豚是否真的在哭泣，人们无法确认，但当时持续的干旱确实让这种珍稀动物面临生存危机。而乱捕滥捞、水上交通等人类活动，则是对长江江豚最大的威胁。

　　自20世纪80年代以来，长江江豚种群数量骤降。1991年，长江江豚的数量是2700多头；而到2006年，国际联合考察组经一个多月的调查，发现长江江豚的数量已不足1800头；2018年中国农业农村部发布报告，长江江豚仅剩

约1012头。

　　中国相继建立了湖北石首、湖南洞庭湖、江西鄱阳湖、安徽铜陵等国家级自然保护区以保护江豚。2017年，中国还将长江江豚由国家二级保护野生动物提升为国家一级保护野生动物。

　　2019年6月，在江西赣江出现一群长江江豚的消息引起了各方人士的关注。随着近年来多方面的不懈努力，长江江豚的活动范围不断扩大。这群"微笑天使"巡游赣江，就是对当地动物保护与生态环境治理的肯定。

儒艮

儒艮是一种海洋草食性哺乳动物，虽然分布广泛，但数量稀少，濒临灭绝。

儒艮的头是圆形的，浮出水面时偶尔会顶着一些水草，远看就像女子浓密的长发，胸前的鳍又很像人手，它们还喜欢靠着海礁休息，总让人误以为是人鱼。

千万年前，儒艮生活在陆地上。后来，由于地壳运动造成的海陆变迁，一些陆地变成了汪洋大海，儒艮也被迫转变为在海里生活。关于儒艮的历史记载，从古代到现代，从东方到西方，从未间断过。

成年儒艮平均体长约2.7米，最大能长到3.3米。它们的身体呈纺锤形，头圆圆小小的，有一双又小又近视的眼睛。它们的脖子很短，几乎没有，但仍能有限度地转动头部或点头。它们没有外耳壳，只看得到小小的耳孔，但听力很灵敏。它们还长着一张又宽又平的大嘴巴，位于厚重吻部的末端下方，上唇呈圆盘状，嘴里还配备了一个大舌头，在进食时能将沙子排开。在头顶前端，并列着两个近似圆形的呼吸孔。在它们潜水时，周围的皮膜可以盖住呼吸孔，以防止海水进入。

儒艮仅摄食海床底部生长的植物，以多种海生植物的根、茎、叶与部分藻类等为食，常会吃掉整株植物。它们不会使用门牙来咬断海草，而是以其大而可抓握的吻来摄食。

虽然天天在水中生活，儒艮的水下功夫却很一般，游泳时速不超过4千米。根据儒艮的一系列行为特征推断，它们是一种智商比较高的动物，甚至可能比海豚还要聪明。但遗憾的是，聪明的头脑并不足以保障儒艮的生命安全，因为它们的行动能力很差，在遇到鲨鱼、虎鲸之类的猎食者时，很难逃脱。

儒艮不连续地分布于印度洋、太平洋的热带及亚热带沿岸和岛屿水域，以及海湾和海峡内的水域，分布区跨越37个以上的国家。在整个分布区内，它们都曾遭到人类的捕杀。它们的栖息地则因沿岸的经济建设遭到严重破坏，还有儒艮因误食塑料而死亡。如今，在大多数儒艮分布区，都很难发现它们的踪迹。

很多国家已经开始立法保护儒艮。在中国，政府把儒艮列为国家一级保护野生动物，并在广西合浦设立了专门的儒艮自然保护区。

中华鲟

中华鲟是地球上最古老的脊椎动物之一，是鱼类的共同祖先——古棘鱼的后裔，距今有1.4亿年的历史。它们曾和恐龙生活在同一时期，被誉为"水中国宝"，是国家一级保护野生动物。

中华鲟曾主要分布于朝鲜半岛西海岸以南的沿海地区和各大江河，在中国主要分布于长江干流金沙江以下至入海河口，其他水系如赣江、湘江、闽江、钱塘江和珠江均偶有出现。

有"长江鱼王"之称的中华鲟是长江中最大的鱼，常见个体50~300千克，有记录的最大个体达680千克。它们的身体呈纺锤形，头尖吻长，口在腹部一侧眼睛下方的位置，有伸缩性，并能伸成筒状，口前方还有四条吻须。它们的身体有5行大而硬的骨鳞，背面1行，体侧和腹侧各2行。

夏秋两季，生活在长江口外浅海域的中华鲟会在历经3000多千米的溯流搏击后，洄游到金沙江一带产卵繁殖。其幼鱼长大到15厘米左右，又会旅居外海。

中华鲟是肉食性鱼类，在长江中上游江段生活的早期幼鱼，以摇蚊幼虫、蜻蜓幼虫、蜉蝣幼虫及植物碎屑等为食；到了河口咸淡水域中的幼鱼，则以虾类、蟹类及小鱼为食。中华鲟从海洋进入江河的整个洄游和滞留期间，基本上不摄食。它们在淡水中的能量消耗和性腺发育所需的营养，由其在进入淡水前体内积累的大量脂肪等物质提供。因而，在淡水中，越接近成熟的个体，其身体就越消瘦。

中华鲟的洄游之路充满艰险，捕鱼网、螺旋桨，还有化工厂排出的污水，都有可能让中华鲟丧生。1981年葛洲坝水利工程建成后，中华鲟在长江的洄游路径缩短近一半，其数量也急剧下降。2015年的调查数据显示，全国野生大熊猫数量有1864只，而每年洄游到长江产卵的中华鲟只有100头左右。

为了补偿葛洲坝水利工程对中华鲟的不利影响，中国采取了建立保护区、人工繁殖投放等多项保护措施，中华鲟在葛洲坝下的江段找到了新的产卵场所。研究表明，由于对中华鲟采取了全面保护的对策，中华鲟资源衰退的进程有所延缓，中华鲟的物种数量已开始回升。

植物世界

多彩的植物世界

中国地域辽阔，地貌复杂，河流纵横，湖泊众多，气候多样，为各种生物及生态系统类型的形成与发展提供了优越的自然条件。历史上，中国部分地区没有受到第三纪和第四纪大陆冰川的影响，形成了诸多地质时期植物的避难所，因而保存有大量的特有物种。正是这样的历史和地理条件，使得中国成为世界上植物种类最为丰富的国家之一。据统计，中国仅高等植物就有3.2万余种，其中木本植物7000多种（含乔木2800余种）、食用植物2000余种、药用植物3000多种。北半球寒、温、热各带植被的主要植物，在中国几乎都可以看到。

中国的植物种类中，富含古老的类群和特有的物种，有许多是珍稀孑遗植物，其中已被列为国家重点保护的珍贵植物有银杉、秃杉、珙桐、桫椤、金花茶等300余种。

丰富的植物资源分散于在不同的植被类型中。除赤道雨林外，几乎所有北半球的植被类型在中国都有分布——不仅有寒温带针叶林、温带落叶阔叶林、温带针阔叶混交林、亚热带常绿阔叶林及热带季雨林和雨林等森林类型，还有灌丛、草原、荒漠、冻原和高山植被，以及隐域性草甸、沼泽和水生植被。

丰富的植物资源和多种多样的植被类型，是大自然赋予我们的宝贵遗产。为了保护植物资源，走可持续发展的道路，中国政府相继颁布了《中华人民共和国森林法》《中华人民共和国草原法》等法律法规，并大力提倡全民义务植树，还将每年的3月12日定为全国的"植树节"。从1978年起，中国先后确立了十多项大型生态工程，使中国生物资源的可持续发展有了较好的资源基础和良好的前景。

水杉

水杉是世界珍稀孑遗植物。远在中生代白垩纪，地球上已出现水杉类植物，并广泛分布于北半球。冰期以后，这类植物几乎全部绝迹，"幸存者"水杉被称为来自冰川世纪的"活化石"。

1943年，一位名叫王战的植物学家在前往湖北神农架考察的途中，来到四川省万县磨刀溪（现湖北省利川市谋道镇）。他在这里发现了一株从未见过的高大古树。观察记录后，他采下了标本。

5年之后，这棵树被认定为第四纪冰川时期幸运生存下来的孑遗植物，已经生长了400年。它被命名为"水杉"。水杉的发现轰动了全世界。在后来的调查中，人们在重庆市的万州、石柱县等四川盆地东南部边缘山地，也发现了有300余年历史的水杉巨树。

水杉属乔木，高可达35米，胸径可达2.5米。树皮为灰色、灰褐色或暗灰色，羽状的叶子在侧生小枝上列成两列，冬季凋落。现在，天然水杉主要分布于湖北、重庆、湖南三省交界的利川、石柱、龙山三县的局部地区，垂直分布一般为海拔750~1500米。

水杉对于古植物、古气候、古地理和地质学以及裸子植物系统发育的研究均有重要的意义。为了保护水杉，中国在湖北利川设立了水杉种子站，建立了种子园，加强了对母树的管理，对5000多株林木进行逐株建档，采取了砌石岸、补树洞、开排水沟、防治病虫害等保护措施，并加速育苗和造林。在龙山、石柱等地，还对水杉大树采取了挂牌保护。现在中国许多地区都已引种水杉，尤以东南和华中各地栽培最多。世界上还有50多个国家和地区也已经引种栽培水杉。

对节白蜡

　　对节白蜡又名湖北梣，为中国特有物种，分布于湖北京山等地，生长于海拔600米以下的低山丘陵地区。

　　对节白蜡是落叶大乔木，高可达19米，胸径可达1.5米；树皮为深灰色，挺直的小枝上长着7~15厘米长的羽状复叶。之所以被称为对节白蜡，是因为它们是白蜡虫分泌白蜡的天然场所，同时它们的枝干上长有独特的成对的荆棘。据传说，对节白蜡本来没有刺，女皇武则天对其钟爱有加，封为国树。一次，武则天醉酒下诏，令其开花，但它们恃宠生娇，拒不开花。武则天盛怒之下，令宫女将绣花针插满对节白蜡的身上。这之后，对节白蜡就一改往日的风貌，变成了"带刺"的植物。

　　对节白蜡树干挺直、材质优良，单株材积可达10余立方米，是很好的材用树种。同时它树形优美、小叶秀丽，观赏价值高还耐修剪，是很好的园林绿化树种，也是极佳的盆景、根雕素材，被誉为"盆景之王"。盆景爱好者形容

它是"立体的画，无声的诗"。

对节白蜡生长缓慢，寿命长达 2000 年左右。一棵对节白蜡可以让人们世世代代享受到它带来的庇荫，因此也有着"对节一棵永流传"的美誉。

对节白蜡的分布范围极其狭窄，原生种群仅分布于湖北省京山市虎爪山林场、观音岩林场等地。虎爪山林场内的对节白蜡，是全世界分布最集中、种群面积最大、树龄最古老、保存最完好的天然群落。

湖北省钟祥市客店镇南庄村有一对合生的对节白蜡，当地百姓称之为"夫妻树"。两树胸径分别为 1.4 米和 1.2 米，树高 17 米，距今已有 1200 年历史。村里还有一对相依而生的"母子树"，子树由母树脱落的种子孕育而生，母树树龄已达 1800 多年，子树树龄 1200 多年。该村的 7 棵对节白蜡古树，每棵都是活标本、活化石，具有非常重要的研究价值。

对节白蜡已经被列为中国珍稀濒危保护植物名录，并被列入世界自然保护联盟濒危物种红色名录。

伯乐树

　　伯乐树系伯乐树科唯一的一种，是中国特有的第三纪孑遗植物，也是国家一级保护植物，在研究被子植物的系统发育和古地理、古气候等方面都有重要的科学价值。

　　伯乐是春秋时代的人物，善于相马。唐代文学大家韩愈曾在《马说》中针对统治者不能重视人才和识别人才，发出"千里马常有，而伯乐不常有"的感叹。但伯乐树的名字与相马的伯乐没有关系，而是从其拉丁名 Bretscheidera 音译而来。

　　伯乐树非常稀少，被誉为"植物中的龙凤"。伯乐树属于落叶乔木，树干高可达20米，通直高大；树冠塔形，冠幅巨大，姿态优美；树皮光滑呈褐色，有块状灰白斑点；叶子为奇数羽状复叶，叶片翠绿，叶背呈粉色椭圆形或倒卵形，长25~45厘米；花直径约4厘米，初夏开花，满树粉红，犹如朝霞；果实为暗红色椭球形，秋季果实成熟，犹如一颗颗红色小仙桃挂坠于枝头，醒目耀眼，非常喜庆。这些特点使伯乐树四季都具有极高的观赏价值。

　　伯乐树分布于四川、云南、贵州、广西、广东、湖南、湖北、江西、浙江、福建等省区。它们多生长在冬暖夏凉、气温年差较小、年降水量在1000~2000毫米的低海拔至中海拔的山地林中，经常长在阔叶林下，生长速度缓慢。它们还有个非常奇特的特性，种子要在林下的树叶中覆盖一年后才能萌芽，且苗期无法长出发达的根系。

　　长期以来，由于其种子生长与新苗培育难度较大，加之人为破坏，伯乐树处于濒临灭绝的境地。中国在有伯乐树分布的区域严加管护，并采种育苗，进行人工繁殖。

　　随着园艺技术的提高，伯乐树的人工繁殖和培育得到很好的推广，现在不少地方已经开始规模栽培，一些城市

和园林景区也引进了伯乐树作为绿化植物。伯乐树既可观赏又可净化空气，用来做行道树也非常美观大方。

青钱柳

　　青钱柳是第四纪冰川时期的孑遗珍稀树种，仅存于中国，被誉为"植物界的大熊猫"。

　　有一种说法，医学界有三棵树：第一棵是柳树，人们在它身上发现了阿司匹林，可以消炎、杀菌、抗血栓；第二棵是红豆杉，人们在它身上发现了紫杉醇，从此令人绝望的癌症和肿瘤也有了被治愈的可能；第三棵就是青钱柳，人们发现用青钱柳的芽叶炮制而成的青钱柳茶，具有调节血糖、促进血糖代谢等功能，这是糖尿病治疗史上的重大发现。

　　相传"诗仙"李白曾经亲手种植下一棵树。种下数年之后，他来到树下，见到了满地的"铜钱"。他随手拾起一串，醉眼昏花中，口中喃喃自语："我有铜钱了！我有铜钱了！"李白种下的这棵树，就是青钱柳，又叫摇钱树。

　　青钱柳还有麻柳、青钱李等别称，是胡桃科青钱柳属植物。它属于落叶速生乔木，树干高大挺拔，枝叶美丽多姿。它的扁球形果实直径约7毫米，中部围有水平方向的直径2.5~6厘米的圆盘状翅，如串串青色的铜钱，故而得名。金秋时节，果实由青绿色变为金黄色，金黄色的"铜钱"片片飘落，所以它又被称为"摇钱树"。

　　青钱柳不仅有药用价值，而且其木材轻软、有光泽、纹理交错，加工容易，胶黏性能和油漆性能好，是制作家具的良材。同时，它树姿壮丽、枝叶舒展，有很高的观赏价值。

　　青钱柳在中国南方多省均有发现，但多为零星分布。在湖南省江华瑶族自治县大瑶山深处的杨家岭山上，屹立着一株特别古老的青钱柳树，树龄近500年，胸径1.3米，树高近40米。而在湖北省竹山县宝丰镇曹家沟村，有一棵百年青钱柳，枝叶非常茂盛，主树干需要4个成年人才能合抱，常有游客慕名前往观赏。

南方红豆杉

　　南方红豆杉也是古老的第四纪冰川运动之后的孑遗植物，是中国国家一级保护植物，素有"植物界活化石"的美誉。

　　南方红豆杉，又名美丽红豆杉，属于红豆杉科红豆杉属，常绿乔木，高可达30米，胸径达60~100厘米；树皮呈淡灰色，纵裂成长条薄片；叶子形似尖刀，长1.5~4.5厘米，在小枝上排成密集的两列；红色的种子为倒卵圆形或柱状长卵形，长7~8毫米，秋季点缀在枝叶间，鲜艳醒目。

　　南方红豆杉枝叶繁茂，树型优美别致，果实艳丽可爱。这些年来人们多有引种，将其栽植于庭院之中，作为观赏和绿化植物。因为它生长旺盛、耐修剪、可以任意造型，还被制作成各种形状的盆景。

　　南方红豆杉还是珍贵的用材树种。它木质坚硬，刀斧难入，加工成的板材不变形、不开裂、耐腐力强，而且纹理致密、色泽美观，可供制作高级家具、装修和雕刻使用，很受人们欢迎。湖南民间流传着"千楸万梓八百杉，顶不上红榧（即南方红豆杉）一枝"的说法，可见人们对其材质是多么推崇。

　　然而，最令世人瞩目的，还是它的药用价值。南方红豆杉全株含有紫杉醇，紫杉醇是世界公认的天然抗癌药物。当然，南方红豆杉所含紫杉醇是需要经过提取之后才能使用的。目前，福建、云南等省区已经建立了红豆杉属植物规模化种植基地，以及紫杉醇加工企业。此外，南方红豆杉枝叶还有利水消肿的功效，它的种子则是驱虫及消食的良药。

　　南方红豆杉产于中国长江流域以南，零散分布。在贵州、广西、福建、安徽、浙江、云南等省区，都有百年古树。由于南方红豆杉全身是宝，而保护措施跟不上，导致过去它们被滥砍滥伐，分布区内种群数量稀少。早在1999年公布的《国家重点保护野生植物名录（第一批）》中，南方红豆杉就已经被列为国家级濒危保护植物。

　　福建梁野山自然保护区是中国第一个国家级的红豆杉自然保护区，也是唯一一个以南方红豆杉为保护对象的国家级自然保护区。相信随着人们保护自然生态环境意识的不断增强和栽培技术的不断提高，南方红豆杉这一从远古走来的珍稀植物将会持续生存下去。

桫椤

　　桫椤最早出现在距今3亿多年前，而在距今约1.8亿年前的中生代侏罗纪时期，它们已经在地球上茂密地生长着。那时候，恐龙也在地球上生活，很多食草恐龙非常喜欢以桫椤为食。1.8亿年后的今天，恐龙只剩下了化石，而古老的桫椤还在地球上繁衍，成为"活化石"。

　　桫椤又名蛇木，也称树蕨。它是一种能长成大树的蕨类植物。在已经发现的蕨类植物中，它是唯一的木本蕨类植物，非常罕见、珍贵。

　　桫椤最高可达10米，普通的也有6米左右，看起来亭亭玉立。笔直修长的树干上没有枝杈，大片的叶子螺旋状排列在树干的顶端，每一片羽毛状的大叶子由若干小叶片排列组成，远看就像一把绿色的大伞。

　　桫椤通常生长于海拔260~1600米的山地溪旁或树林中。由于它是半阴性树种，所以喜欢温暖潮湿的环境。

　　现在，世界上很多地方都可以找到桫椤。在贵州省赤水市，有一大片桫椤林，这里是国家级桫椤自然保护区，其中桫椤数量多达4万余株，被科学界称为"桫椤王国"。桫椤林中有修好的小路，当人们漫步小路做深呼吸时，空气里仿佛都带着1亿多年前的味道，好像可以穿越回到恐龙生活的时代。保护区里的桫椤分布集中，层层叠叠，就像万千把绿伞轻盈地散落在大地上。

　　因为桫椤随时有灭绝的危险，也因为桫椤对研究蕨类植物进化和地壳演变有着非常重要的科学意义，世界自然保护联盟将桫椤科的全部种类列入濒危物种红色名录。中国早期公布的保护植物名录，也将桫椤与银杉、水杉、秃杉、望天树、珙桐、人参、金花茶等一道，列为国家一级保护植物。

珙桐

　　珙桐是国家一级保护植物，其珍贵程度堪比动物界的大熊猫。它是1000万年前新生代第三纪留下的孑遗植物，被认为是植物界中的活化石。原本地球上有很多珙桐，但在第四纪冰川期时，大部分的珙桐逐渐灭绝，只有很少一部分在中国南方的一些地方幸存了下来。

　　珙桐是落叶乔木，一般生长在海拔1500~2200米的湿润的森林里。它的幼苗喜欢在阴湿的环境里慢慢成长，等到长成大树后，才会开始喜欢阳光。珙桐通常可以长到15~20米高。它的叶子边沿有小锯齿。最有趣的是它开的花，形状看上去不像花而更像叶子，颜色雪白，中间有一团花蕊。从远处看，一簇簇的白花开在树枝上，就好像枝头站满了白鸽，所以珙桐也被称作鸽子树。

因为满树的"鸽子花"，珙桐成为世界著名的珍贵观赏植物，并被赋予和平的象征意义。珙桐现在已经为世界许多国家所引种，但它的野生种只生长在中国四川省和湖北省的一些地区。

关于珙桐，民间还流传着这样一个故事：汉代王昭君为了民族和睦，毅然出塞与匈奴首领呼韩邪单于结为夫妇。她在塞北日夜怀念故乡，就让白鸽为她传书送信。白鸽穿云破雾飞向王昭君的故乡——湖北秭归。送信的鸽子因为过于疲劳，力竭而死，化作了珙桐树上洁白的花朵。

2008年5月，四川省汶川县发生大地震后，中国台湾地区伸出援助之手。为了表达对台湾同胞无私援助的感激之情，地震灾区的群众精选了17颗珙桐树苗，于2008年12月与赠台大熊猫"团团""圆圆"一起，搭乘专机飞往台湾。珙桐树代表了四川同胞重建家园的信心，也成为两岸人民相互扶持的见证。

观光木

　　观光木是古老的孑遗树种，也是中国特有的木兰科单种属植物，对研究古代植物区系、古地理、古气候都有重要的科学价值。

　　在植物王国中，木兰科是一个古老的被子植物大家族，以材质优良、树形优美、花艳味香、观赏性强等特点著称。全世界现有木兰科树种14属250种，中国有11属90种。在众多种类中，仅有1属1种是以植物学家的名字命名的，这就是观光木。

　　1919年4月，中国植物学家钟观光先生深入广西十万大山，发现了一种花朵香而艳的乔木。后来，为了纪念他，这种植物被定名为观光木。观光木是一种非常美丽的树。"观光"一词含有"观赏"的意思，这种树虽然以人物命名，却是实至名归。

　　观光木是常绿乔木，高可达25米，胸径可达1米以上，树干挺直，树冠浓密。叶子呈倒卵状椭圆形，长8~17厘米，宽3.5~7厘米。花为象牙黄色，花瓣仅长1.8~2厘米，果实却长11~13厘米，重达500~800克。花小果大，这也是观光木的一个特别之处。

　　观光木花虽然小，但花朵数量却非常多，花色鲜艳，香气浓郁，所以民间俗称"香花木"。它的果实不但大，而且红艳光润，表皮间杂有鹅黄色斑点，形状像菠萝，颜色如石榴。它的种子为三角状倒卵形，外包一层红色肉质假种皮，如玛瑙一般，很是好看。

　　观光木喜欢温暖湿润的气候和深厚肥沃的土壤，原产中国长江以南地区及越南北部。在中国，它们分布于江西、云南、贵州、广西、湖南、福建、广东和海南等

省的热带到中亚热带地区。在福建省建瓯万木林内，有一株全国最大的观光木，树高 32 米，胸径 1.35 米，树龄已达 360 年。

虽然观光木分布较广，各地有多株百年以上的大树，但多是零星生长在常绿阔叶林中，数量极少。若不采取有效措施加以保护，观光木有陷于灭绝的危险。中国政府将观光木定为国家二级保护植物。世界自然保护联盟也将其纳入濒危物种红色名录，评定级别为近危。

望天树

　　20世纪70年代，植物科学工作者在云南西双版纳的密林中发现了一种擎天巨树。它姿态秀美，树干高耸，昂首挺立于森林之中，傲视万木，人很难望见它的树顶。因此，人们把它命名为"望天树"，意思是仰头看天才能看到它的树顶。

　　望天树树体高大，干形圆满通直且不分杈。它的树冠像一把巨大的伞，而树干则像伞把，西双版纳的傣族人因此将其称为"埋干仲"（伞把树）。

　　望天树一般都能长到50~60米，最高的有80多米，比周围其他乔木要高出20~30米。虽说与世界最高树——生长在澳大利亚、高150米的杏仁香桉和世界第二高树——生长在美国、高142米的北美红杉相比，望天树要矮半截，但在热带雨林中，它却是鹤立鸡群，高得惊人。在中国以至整个亚洲现存的热带雨林植被中，望天树可以算是最高的雨林群落和最高的树种了。

　　望天树是龙脑香科植物。在东南亚，这个科的植物是热带雨林的代表树种之一，也是热带雨林的重要标志之一。过去某些外国学者曾断言："中国十分缺乏龙脑香科植物"，"中国没有热带雨林"。望天树的发现，使得这些结论被彻底推翻，证实了中国存在真正意义上的热带雨林。

　　望天树对研究中国的热带植物有重要意义。中国已将其列为国家一级保护植物，并在云南南部产地建立了专门的自然保护区。在西双版纳勐腊县补蚌自然保护区，有上百棵40~70米高的望天树。当地政府架设了一条高20多米、长2.5千米的"空中走廊"，游人可以在上面观赏由望天树和其他动植物共同组成的原始森林美景。

银杏

　　银杏是中国特有的树种。它是中生代孑遗的稀有植物，也是世界上现存最古老的树种之一。

　　在新生代第四纪大冰川期来临前，银杏原本分布极广，一度蔓延到北极点附近。而冰川期来临时，全球的银杏几乎都灭绝了。可能是由于东西走向的山脉起到了阻隔冰川的作用，中国东部、南部以及西南部分地区存余了极少量银杏。现存的银杏是古老的银杏家族唯一幸存的成员，被誉为植物王国的"活化石"。

　　银杏树是高大的落叶乔木，躯干挺拔，树形优美，生命力顽强，寿龄能达数千年。它以苍劲的体魄、清奇的风骨、较高的观赏价值和经济价值受到世人的喜爱。

　　在中国，银杏的栽培区很广：北自东北沈阳，南达华南广州，东起华东海拔40~1000米地带，西南至贵州、云南西部海拔2000米以下地带，均有栽培。世界范围内，亚洲和欧美许多国家的庭园、园林也均有栽培。研究人员发现，目前遍布全球的银杏，几乎均源自以浙江天目山为代表的中国东部地区。

　　中国的四川省成都市和辽宁省丹东市都把银杏作为市树。成都有古银杏树2000多株，最大的一棵树胸径1.57米，树龄已有500多年。而银杏树在丹东市有着上千年的历史，丹东也是亚洲拥有百年以上银杏树最多的城市。丹东大孤山寺庙中的一棵银杏树，树高35米，树龄已经1300多年。在云南省腾冲市还有一个"银杏村"——江东村，村内分布着2000多亩集中连片的古银杏树，被誉为"天下第一银杏王国"。每到深秋，古朴的村落里黄叶纷飞，异常美丽。在中国，野生银杏树主要分布在山东、浙江、江西、四川等地，而地处西南边陲的江东村，竟拥有

如此大面积的古银杏林，是极为罕见的。据说，东汉时，汉王朝在这里设立了当时中国版图最边远的永昌郡，并将大量中原百姓迁移此地。这些古银杏树的种子，都是江东村村民的先祖从遥远的中原故土带来的。

虽然在世界上分布广泛，银杏却被列入世界自然保护联盟濒危物种红色名录，属于濒危植物。一个物种是否濒危，要看它在野生条件下的生长状况。近10年来，人们都没有在野外发现天然更新的银杏幼树，只能见到成年银杏大树，这说明银杏后代几乎是断层式消失了。

喜树

　　动物中有一种鸟，叫喜鹊，因为它喜庆的名字，人们就认为"听见喜鹊叫，好事要来到"；植物中有一种树，叫喜树，也因为它喜庆的名字，人们赋予了它美好的寓意："喜树花一开，好事自然来"。

　　喜树是一种高大的落叶乔木，最高能长到20多米。它的树皮是灰色或浅灰色的，枝条比较细小。叶片呈椭圆形，面积比较大，能达到15~28厘米长、6~12厘米宽。叶片正面呈亮绿色，背面呈浅绿色。喜树的花序接近球形，花梗是长5厘米左右的圆柱，花瓣是淡淡的绿色，上面伸出一个个白色的花蕊。喜树的果实也很奇特，一根根小小的香蕉似的果实攒聚在一起，近似球形，有些像莲蓬。

　　最早记载喜树的文献，是清人吴其濬1848年刻印的《植物名实图考》。此书将其称为"旱莲"，就是取其果实似莲蓬之意。喜树还有水栗、水桐树、天梓树、千丈树、野芭蕉、水漠子等多个名字。1873年，法国植物学家约瑟夫·德凯纳（Joseph Decaisne）在庐山发现喜树，并为其确定了植物学名。

　　因为名字寓意美好，再加上喜树树干高大通直、树冠宽广、枝叶浓密、花朵素雅，所以它深受人们喜爱。在庭院里栽种一棵喜树，就是"开门见喜"之意；走在以喜树为行道树的路上，就是"抬头见喜"；喜树还可以与合欢配置在一起，意为"欢欢喜喜、欢天喜地。"

　　喜树不仅名字好听，还是中国特有的一宝。它和享誉世界的"活化石"鸽子树珙桐是亲戚，都属于蓝果树科植物，而且都是中国特有的单种属，即一属只有一种的独苗类植物。野生喜树在长江流域各省均有分布，四川分布最多。但现在，野生喜树十分稀少了。中国在1999年已经把喜树列为国家二级保护植物。

金钱松

　　金钱松是中国特有树种，也是著名的古老孑遗植物。最早的金钱松化石发现于西伯利亚东部与西部的晚白垩世地层中。气候的变迁尤其是更新世大冰期的来临，使各地的金钱松灭绝，只有生长于中国长江中下游少数地区的金钱松幸存下来，繁衍至今。

　　金钱松挺拔直立，树冠如塔一般，清秀飘逸，雄壮美观。叶片螺旋生长，纤细秀气，青翠妩媚，富有画意。入秋后，叶色由绿转为金黄，形成美丽动人的景色，被誉为"金色的落叶松"。金钱松是著名的风景景观树种，与雪松、日本金松、南洋杉、北美红杉合称为世界五大庭院树种，现在世界不少国家和地区都有引进栽培。

　　金钱松又名水树。因其含水量多、水分较重，对森林火灾的防范有一定作用，所以它也是植树造林的重要树种之一。

　　金钱松零星分布在江苏、浙江、福建、安徽、河南、江西、湖北及湖南等地。它们一般生长在海拔100~1500米的常绿或落叶阔叶混交林中，喜欢温暖湿润的环境，在土壤深厚肥沃、排水良好的黄红壤或黄棕壤中能健康生长。

　　金钱松是国家二级保护植物。为了更好地保护它们，浙江西天目山已经建立了自然保护区。林业部门把金钱松列为分布区中山地、丘陵的重要造林树种，许多城市也已经引种栽培。

　　位于浙江省湖州市安吉县山川乡九亩村的中国金钱松森林公园占地5500亩，共有金钱松50000多株，是全国现存金钱松数量最多、规模最大的区域，也是国内唯一的金钱松森林公园。

鹅掌楸

　　鹅掌楸是中国特有的珍稀植物，也是古老的孑遗植物。在日本、意大利、法国和格陵兰岛的白垩纪地层中，均发现了同属植物化石。在新生代第三纪，其本属尚有十余种，广布于北半球温带地区，到第四纪冰期才大部分灭绝。现在，这一属仅残存鹅掌楸和北美鹅掌楸两种，成为东亚与北美洲际间断分布的典型实例，对古植物学、植物系统学有重要科研价值。

　　鹅掌楸为落叶大乔木，高可达40米，胸径可达1米以上。它的叶形如马褂——叶片的顶部平直，犹如马褂的下摆；叶片的两侧平滑或略微弯曲，好像马褂的两腰；叶片的两侧端向外突出，仿佛是马褂伸出的两只袖子。秋季，叶色金黄，就像一件件黄马褂在树枝上摇摆，所以鹅掌楸又被称为马褂木。它的花朵为杯状，花瓣呈倒卵形，长度

为3~4厘米，花色为绿色带有黄色的纵条纹。因其花形似郁金香，它的英文名被定为"Chinese tulip tree"，译成中文就是"中国的郁金香树"。

鹅掌楸喜欢温暖湿润的气候，也有一定的耐寒性，但生长地方不宜过于寒冷。此外，鹅掌楸喜欢肥沃、透气性良好的酸性或微酸性土壤，土壤不宜太干旱，也不宜太湿润。鹅掌楸通常生长在海拔900~1000米的山地林中或林缘。它生长快，对病虫害抗性极强，栽种后能很快成荫，是很好的行道树和庭园观赏树种，也是建筑及制作家具的上好木材。因为它对有害气体的抵抗性较强，也是工矿区绿化的优良树种之一。

鹅掌楸主要生长在长江流域以南的四川、云南、福建、湖南、湖北等地，陕西也有分布，台湾有栽培。因为屡遭滥伐，鹅掌楸在其主要分布区已渐稀少，是濒危树种之一，被列为国家二级保护植物。

金花茶

金花茶是一种灌木，属于山茶科，是国家一级保护植物。它是中国独有的世界级珍稀名贵植物，也是自然界中唯一绽放金黄色花朵的茶花，可谓山茶中的极品。

金花茶的花为金黄色，耀眼夺目，仿佛涂着一层蜡，晶莹而油润，似有半透明之感。花开时，花朵有杯状、壶状或碗状的，娇艳多姿。

山茶一般开红色、白色或红白相间颜色的花，很少有黄色的山茶花。对植物学家们而言，金花茶是一个"新物种"。中国植物学家左景烈于1933年在广西防城县大菉乡第一次发现这种特别的植物；直到20世纪60年代初，中国植物学家胡先骕才根据广西植物工作者采到的标本，确认它为山茶科的新种植物，并定名为金花茶。

实际上，金花茶一直以来都在自然界里存在，只是植物分类工作者没有发现。几百年来，广西防城民间一直将金花茶叫作"牛尿茶"。金花茶与其他茶树一样，有漫长的饮用历史。它的叶子在民间被用于清热解毒、利尿利湿、止血消肿等，据说生病的牛吃了这种茶花往往会痊愈。据现代医学研究表明，金花茶含有400多种营养物质，无毒副作用，在降血糖、降血压、降血脂等方面有功效，起协同平衡调节作用。美丽的金花茶不仅有很高的观赏价值，还有很高的医学和科研价值。

金花茶喜温暖湿润的气候、排水良好的酸性土壤。全世界90%的野生金花茶分布于中国广西十万大山的兰山支脉一带，生长于海拔700米以下地带，以海拔200~500米之间的范围较常见。

金花茶与银杉、杪椤、珙桐等珍贵的"植物活化石"

齐名，属《濒危野生动植物种国际贸易公约》附录Ⅱ中的植物物种，被誉为"植物界大熊猫""茶族皇后""神奇的东方魔茶"。为了使这一国宝能更好地繁衍生息，中国已经在广西防城港建立了国家级自然保护区，广大科学工作者也正在通力合作，进行杂交选育试验，以培育出更加优良的品种。

秃杉

秃杉为第三纪古热带植物区孑遗植物，是中国第一批公布的 8 种一类保护植物之一，有"林中活化石"之称。

秃杉为常绿大乔木，大枝平展，小枝细长而下垂，高可达 75 米，胸径 2~3 米。它生长缓慢，长到 40 米高时才生枝。它的枝叶紧密，树冠较小，叶在枝上的排列呈螺旋状。奇怪的是，它的幼树和老树叶形有所不同：幼树上的叶尖锐，两侧扁平；老树上的叶呈鳞状钻形，从横切面来看，则呈三角形或四棱形。秃杉是雌雄同株的植物，花呈球形，长成的球果是椭圆形的，其种子只有 5 毫米左右长，带有狭窄的翅。

秃杉是世界稀有的珍贵树种，只生长在缅甸以及中国台湾、湖北、贵州和云南等省份，1904 年在台湾地区中部中央山脉海拔 2000 米处首次被发现。它一般生长在气候温暖或温凉、夏秋多雨潮湿、冬季较干燥的红壤或棕色森林

土地带，常与云南铁杉、乔松、杉木等针叶树种或常绿阔叶树种混生成林。

秃杉的树干挺直，心材紫红褐色，边材深黄褐色带红，木质软硬适度，纹理细致，且易于加工，是建筑桥梁和制造家具的好材料。此外，它还是营造用材林、风景林、水源林、行道树的良好树种。

在位于贵州省雷公山国家森林公园核心区腹地的格头苗寨，有一片秃杉群，共有3500余棵秃杉，其中千年秃杉200多棵，是中国现存面积最大、保存最为完整的一片秃杉林。格头苗寨也因此被誉为"中国秃杉之乡"。相传苗族祖先迁来此地时，直接以千年秃杉下弯的枝为梁，搭屋居住。在格头苗寨人心目中，秃杉是保佑他们祖祖辈辈平安吉祥的神树，任何人不得以任何借口砍伐破坏苗寨的秃杉。

为了保护这一古老物种，中国除了在贵州雷公山等地建立了以秃杉为主的自然保护区，还对一些古树实施挂牌保护，严禁砍伐，并大力开展人工育苗造林，建立种子基地。

水松

　　水松是珍稀孑遗植物、著名的"活化石"。它早在早侏罗纪或三叠纪（距今 2.2 亿年）就已经存在，在白垩纪和新生代曾广布北半球，第四纪冰川期后，在世界多数地区已经灭绝。水松是中国国家一级保护植物，世界自然保护联盟将其列为全球极危物种。

　　水松是半常绿乔木，高可达 25 米，树干基部直径达 60~120 厘米。生长潮湿沼泽地的水松，其树干基部常膨大成柱槽状，柱槽可高达 70 厘米，并有伸出土面或水面的呼吸根。水力是水松传播的主要途径，这也是河溪两岸有较多水松的原因。

　　顾名思义，水松是生长在水边的松树，民间也称之为水莲、水帝松、水杉松等。它主要分布在中国广东、福建、江西和湖南等地，以及越南和老挝中部，是一种低海拔地区的热带及亚热带南部树种。水松喜光，喜温暖湿润的气候和水湿环境，不耐低温和干旱。

　　水松在中国的栽培历史比较久远，各地存有众多的水松古树：云南省文山州富宁县有一株 500 余年水松，树高30 余米，胸径 1.3 米，是罕见的水松巨树；广东省韶关市南华寺的九龙泉下，生长着 5 株古水松，其中最大的一株胸径 1.2 米，高达 40.6 米，相传是明代时所植，树龄已有600 余年，堪称水松族的"老寿星"；2010 年福建省漳平市永福镇李庄村发现了目前国内已知的最古老的水松，此树高 25 米，胸径达 8.2 米，冠幅 18 米。据林业部门技术测定，该树至少有 2000 年的树龄，堪称"水松之王"。它虽历经千年风雨沧桑，却依然巍然挺立，每年开花结果，仍有极强的生命力。

　　根据调查，目前分布在中国的水松总数量不到 1000

株。中国已经采取多种措施，保护好已存的水杉大树、古树，并大力育苗造林。

天山雪莲

　　在中国的神话和武侠小说中，天山雪莲是一种比人参还神奇的灵药，能包治百病甚至能起死回生。在人们心目中，它一直是一种稀有、珍贵而且带着神秘色彩的植物。

　　天山雪莲是多年生草本植物，也是新疆特有的珍奇名贵中草药。因为它的苞叶形如花瓣，盛开时如大朵莲花，所以被称为"天山雪莲花"，又名"雪荷花"。

　　天山雪莲是生物在漫长的进化过程中为适应山脉隆起的高寒环境而特化的一种植物。横贯新疆中部的天山山脉冰峰雪岭逶迤连绵，天山雪莲就生长在雪线以下海拔3000~4000米的悬崖峭壁之上、冰渍岩缝之中。那里气候奇寒，终年积雪不化，一般植物根本无法生存，而天山雪莲却能在零下几十摄氏度的严寒中，在空气稀薄的缺氧环境下傲霜斗雪、顽强生长。

　　天山雪莲的种子在0℃发芽，3℃~5℃生长，幼苗能经受−21℃的严寒。由于生长期短，它能在较短的时间内迅速发芽、开花和结果。在不到2个月的时间里，它的高度就能超过其他植物的5~7倍。它虽然要5年才能开一次花，但实际生长天数只有8个月。它的根系粗壮，穿插在砾石和粗质土壤中，能长达数米。

　　天山雪莲对高山恶劣环境的适应能力令人惊叹，而更为奇特的是它独特的药用价值。虽然没有神话和小说中描述的那么神奇，但天山雪莲确实是一种疗效显著的名贵中药材。据《本草纲目拾遗》记载，天山雪莲全草均可入药，被誉为"百草之王、药中极品"。

　　天山雪莲是造物主赐给新疆的"仙物"。在当地民间，天山雪莲带有神秘色彩，高山牧民在行路途中如遇到天山雪莲，会认为是吉祥如意的征兆。就连喝下天山雪莲苞叶

上的水滴，都被认为能驱邪益寿。

　　每年7—8月是新疆野生天山雪莲花盛开的时节。以前，每到这个时候，海拔3000米以上雪线附近都会有不法分子前来采挖。有关专家表示，如果这种现象得不到遏制，天山雪莲这种珍贵的物种就可能从地球上消失。

　　1996年，中国将天山雪莲列为国家二级保护植物。2000年，国务院相关文件已明令禁止采挖野生天山雪莲。

胡杨

　　化石资料表明，胡杨是第三纪孑遗的古老树种，距今已有6500万年的历史，是自然界的稀有树种之一。有人赞美胡杨："生而不死一千年，死而不倒一千年，倒而不朽一千年。三千年的胡杨，一亿年的历史。"

　　胡杨是杨柳科落叶中型乔木，一般高10~15米，最高能长到30多米，直径可达1.5米。胡杨树叶形奇特，为适应干旱环境，其幼树嫩枝上的叶片狭长如柳，大树老枝上的叶片却圆润如杨，而且多种形态的叶子会集中在一棵树上。

　　胡杨树的寿命一般为100~300年，最长也不过500年。所谓"千年不倒"，是因为胡杨为了广揽水分而进化出了密织如网的强大根系，可以深入20米以下的地层中，将自己牢牢固定在沙土上，屹立不倒。而"千年不朽"其实与胡杨本身关系不大，而是因为干旱的沙漠环境缺少微生物活动，所以枯死的胡杨不易腐烂。

　　"胡杨"意为西域的杨树，这说明了胡杨的故乡所在。

世界上的绝大部分胡杨生长在中国，而中国90%以上的胡杨又生长在新疆的塔里木河流域——古代广阔的"西域"的一部分。那里深居亚欧大陆内部，气候极其干旱，有中国最大的沙漠——被称为"死亡之海"的塔克拉玛干沙漠，而胡杨林是荒漠区特有的珍贵森林资源。胡杨耐寒、耐旱、耐盐碱、抗风沙，有顽强的生命力。它的首要作用在于防风固沙，创造适宜生命生长的绿洲气候，并形成肥沃的土壤。塔克拉玛干沙漠周围的胡杨林，犹如一道绿色长城，紧紧锁住了流动性沙丘的扩张。千百年来，胡杨守护在边关大漠，被人们誉为"沙漠守护神"。

胡杨林是当地一道美丽的风景，也是优良的四季牧场和野生动物的栖息地。可是由于塔里木河下游水量减少，长达数百里的胡杨林在干渴中倒下了。同时，不适当的采伐、毁林垦荒和放牧也造成了胡杨林资源的破坏，加剧了土地荒漠化。

人们已经从中吸取教训，开始了挽救塔里木河、挽救胡杨林的行动。新疆塔里木胡杨生长区域被列为国家级自然保护区，水利部门实施的向塔里木河下游紧急补水工程也已初见成效，两岸的胡杨林开始了复苏的进程。

人参

　　古地质学家和古生物学家推断，人参是地球上最古老的孑遗植物之一。在地球上被子植物极为繁盛的第三纪（距今6500万年至180万年），人参在自然界广为繁衍。

　　人参是多年生草本植物，生长在北纬33°~48°之间的海拔数百米的以红松为主的针阔混交林或落叶阔叶林下。它们分布于中国东北、朝鲜、韩国和俄罗斯东部，别称地精、神草、百草之王。人参的拉丁语名字为Panax Ginseng C.A. Meyer，"Panax"来源于希腊语，意思是"包治百病"。

　　人参之所以被称为"百草之王"，与一个奇特的现象有关。经常采挖野山参的人发现，每到太阳出来后，长在野山参周围的草和小树便向四周弯去，将野山参闪出来，让其充分享受透过大树的阳光；而太阳落山后，小树和草又向野山参靠拢，仿佛将人参保护起来，又像对人参施礼一般。

　　中国是世界上最早应用人参和最早用文字记载人参的国家，中国人将人参发展成了一种独特的文化。早在4000多年前的黄帝时代，中国人就开始认识和应用人参；商周时代产生的甲骨文中，就出现了"参"字；人参药用的记载始于约2000年前的《神农本草经》，明代李时珍在《本草纲目》中写道："人参年深，浸渐长成者，根如人形，有神，故谓之人衔、神草……"

　　人参是传说中能起死回生的宝物。虽然没有传说中那么神奇，但临床证明，人参确实可以治疗多种疾病。除药用外，它还有滋补、美容、观赏等诸多价值，这都是人参文化得以形成的重要因素。

　　在中国，野生人参主要分布在东北地区的长白山和小兴安岭等地，稀少且珍贵。出于迷信和对人参的崇敬，过去采参的时候，采参人会手持一根名叫"索拨棍"的棍子，向前压着草寻找人参。寻参途中，不许多说一句话。一旦发现人参，立即大声呼叫："棒槌"，接着要用草帽覆盖人参，并用红绳把参绑在树枝上，才算"捉住"了人参。据说，不这样做，人参就会变成小娃娃跑掉。

巨柏

　　巨柏是中国西藏特有的珍稀孑遗物种，有植物界"活化石"之称。巨柏是濒危树种，被列为国家一级保护植物，也是全世界5种稀有柏树之一。保护巨柏，对于保护生物多样性、维持自然平衡有着重要的意义。

　　巨柏是柏科柏木属乔木，高可达45米，胸径可达6米。它的树皮纵裂成条状，看起来显得特别沧桑，树枝粗壮，长着斜方形鳞状叶，树冠略呈塔形。

　　巨柏只分布于中国西藏雅鲁藏布江流域的郎县、米林及林芝等地，生长在海拔3000~3400米沿江河的阳坡、半阳坡、开阔的谷地、有石灰岩露头的阶地以及山麓坡地。它适于干旱多风的高原河谷环境，常在沿江地段组成稀疏的纯林。

　　在西藏林芝巴结巨柏自然保护区，有一片较完整的古

老巨柏林。这些古柏平均高度约为44米，胸径约为1.58米。在古柏林中央有一株巨柏，被誉为"中国柏科之最"，树高57米，直径5.8米，十几个成年人环抱都不能围拢，树冠投影面积达600多平方米。据测算，这株巨柏树龄在2000~2500年。它曾获得上海大世界吉尼斯总部颁发的"大世界吉尼斯之最"证书，被当地人尊为"神树"。

这棵树还有个神奇之处：从正面看，它是1个根、1个树干，但当你绕到树背面看，它是3个树干共享1个根。当地人对此有这样的说法：3个树干仿佛菩萨的3个化身，分别代表慈悲、智慧和力量。由此可见，藏族群众对这棵巨柏有多么崇敬和喜爱。

为了使巨柏这种珍稀的古老树种繁衍下去，西藏启动了巨柏野外种群恢复工程，通过人工培育的方式，将上万株巨柏引入适合其生长的自然环境中，有效增加了巨柏的野外种群数量。

结束语：保护美丽家园

千姿百态的动植物和人类共同构成了地球这颗美丽星球不可分割的一部分。可是，在地球这个美好的大家园中，一些动植物正在逐渐消失，例如白鳍豚，在地球上已经极其稀少；例如百山祖冷杉，在自然界仅存5株。

野生生物的灭绝是普遍的国际问题。近两千年来，已经有110多种兽类和130多种鸟类从地球上消失。当前，全世界有2500多种植物和1000多种脊椎动物面临着灭绝的危险。

中国也曾经为了解决温饱问题而向大自然过度索取，曾经因为发展经济而忽视环境保护，致使一些动植物永远消失了，很多动植物濒临灭绝。面对严峻现实，中国积极行动起来：1984年国家环境保护委员会公布了第一批《中国珍稀濒危植物名录》，1988年全国人大常委会通过了《中华人民共和国野生动物保护法》，1996年中国发布了第一部专门保护野生植物的行政法规《中华人民共和国野生植物保护条例》……

除了制定和实施一系列保护动植物的法律法规，中国还实实在在地做了很多事，例如：实施天然林保护、退耕还林还草、湿地保护修复、野生动植物保护和自然保护区建设、濒危物种拯救等重点生态工程，建立了以国家公园为主体的自然保护地体系，等等。这些措施为野生动植物的栖息繁衍创造了良好的生态条件。

通过持续努力，中国野生动植物的栖息条件有了明显改善，野生动植物种群数量不断恢复和发展。大熊猫、朱鹮、亚洲象、野马、麋鹿、扬子鳄等濒危野生动物种群数量持续保持稳中有升的良好态势；几十年难得一见的东北虎又现身东北小兴安岭的密林中，曾经被大肆猎杀的藏羚羊如今可以安心地在保护区繁衍生息；对望天树、桫椤、珙桐、银杉、天目铁木、秃杉等珍稀植物的保护和繁殖也取得了很大成绩，解除了它们的濒危状态……

　　勤劳善良的中国人与无数动植物和谐相处，共同繁衍生息。在中国人民的细心呵护下，辽阔的中国大地一定会更加美丽，我们这个星球也会增添无限生机。